本书精彩欣赏

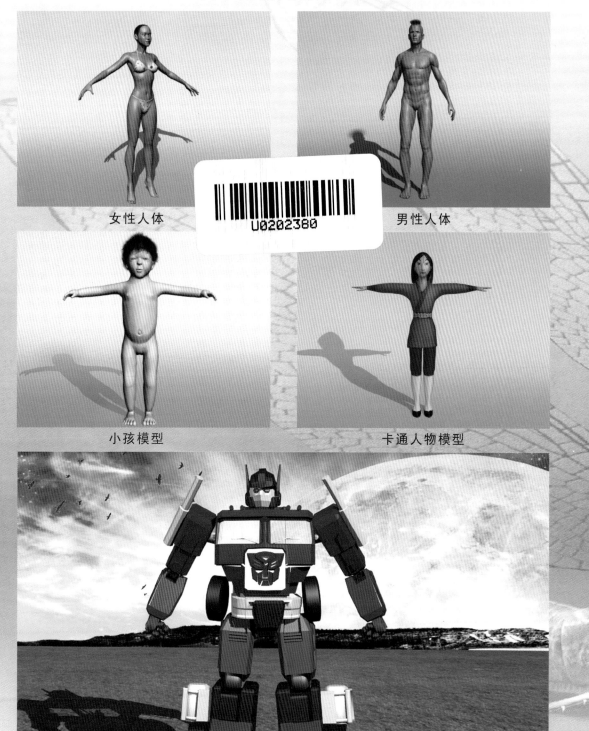

女性人体

男性人体

U0202380

小孩模型

卡通人物模型

汽车人模型

本书精彩欣赏

狗模型效果01

狗模型效果02

狮子模型

金鱼模型

马模型效果01

马模型效果02

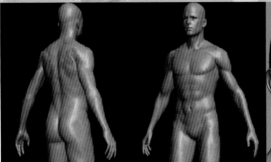

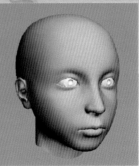

人体模型效果

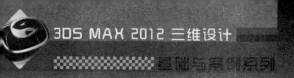

3DS MAX 2012 三维设计
基础与案例系列

3DS MAX 2012
模型制作基础与案例
生物篇

杨院院 编

★ 本书针对生物建模进行了系统的讲解，涵盖了生物体建模的各个类型。

★ 基础知识与实例制作相结合，由浅入深，便于读者系统地学习各个知识点。

★ 9个大型教学案例，全面提高建模和材质、灯光制作技能以及后期处理方法。

★ 52个技巧提示，全面归纳3DS MAX 2012核心功能命令的使用方法。

★ 附带光盘包含9个案例的源文件和贴图文件以及PPT教学文件，便于学习参考和教学使用。

西北工业大学出版社

【内容简介】 对于角色动画、片头动画或者三维角色设计工作，生物建模是制作三维角色动画的第一步，但是如何建立复杂的生物模型却是令所有 3D 学习者头痛不已的难题。本书针对 3DS MAX 2012 软件强大的建模功能，以目前最流行的角色建模技术为重点，由浅入深，详细讲解各个年龄阶段和各种特征生物建模的全过程。

本书结构合理，内容系统全面，实例丰富实用，可作为各大、中专院校及计算机培训班的三维设计教材，同时也可作为计算机爱好者的自学参考书。

图书在版编目（CIP）数据

3DS MAX 2012 模型制作基础与案例. 生物篇/杨院院编. —西安：西北工业大学出版社，2013.4

（3DS MAX 三维设计基础与案例系列）

ISBN 978-7-5612-3657-4

Ⅰ. ①3…　　Ⅱ. ①杨…　　Ⅲ. ①生物模型—计算机辅助设计—三维动画软件—高等职业教育—教材　　Ⅳ. ①TP391.41

中国版本图书馆 CIP 数据核字（2013）第 066043 号

出版发行：西北工业大学出版社

通信地址：西安市友谊西路 127 号　　　邮编：710072

电　　话：(029) 88493844　88491757

网　　址：www.nwpup.com

电子邮箱：computer@nwpup.com

印 刷 者：兴平市博闻印务有限公司

开　　本：787 mm×1 092 mm　　1/16

印　　张：17.5　彩插2

字　　数：466 字

版　　次：2013 年 4 月第 1 版　　　2013 年 4 月第 1 次印刷

定　　价：45.00 元（含 1CD）

前　言

3DS MAX 由 Autodesk 公司出品，它提供了强大的基于 Windows 平台的实时三维建模、渲染和动画设计等功能，被广泛应用于广告、影视、建筑表现、工业设计、多媒体制作及工程可视化等领域。3DS MAX 是国内也是世界上应用最广泛的三维建模、动画制作与渲染软件之一，完全可以满足制作高质量影视动画、游戏设计等领域的需要，受到全世界百万设计师的青睐。

本书由基础篇和案例篇组成。书中在对 3DS MAX 2012 软件的功能和操作方法进行讲解的基础上，列举了大量富有特色的案例，读者通过学习能快速直观地了解和掌握 3DS MAX 2012 建模的基本方法、操作技巧和行业实际应用，为步入职业生涯打下良好的基础。

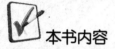

本书内容

全书共分 12 章，分两篇编写。第 1~3 章为基础篇，主要介绍 3DS MAX 2012 软件的基础知识、人体结构概述和生物建模的基础工具。第 4~12 章为案例篇，主要介绍各种生物模型的制作。其中，第 4 章主要介绍女性人体建模；第 5 章主要介绍男性人体建模；第 6 章主要介绍制作小孩模型；第 7 章主要介绍制作狗模型；第 8 章主要介绍制作狮子模型；第 9 章主要介绍制作金鱼模型；第 10 章主要介绍制作卡通人物；第 11 章主要介绍制作马模型；第 12 章主要介绍制作汽车人模型。读者通过理论联系实际，有助于举一反三、学以致用，进一步巩固所学的知识。

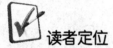

读者定位

本书结构合理，内容系统全面，讲解由浅入深，实例丰富实用，可作为各大、中专院校及计算机培训班的三维设计教材，同时也可作为计算机爱好者的自学参考书。

本书力求严谨细致，但由于水平有限，书中难免出现不妥之处，敬请广大读者批评指正。

编　者

目 录

基础篇

第1章 3DS MAX 2012 简介

第2章 人体结构概述

第3章　生物建模基础工具简介

案例篇

第4章　女性人体建模

第5章　男性人体建模

第6章 制作小孩模型

第7章 制作狗模型

第8章 制作狮子模型

基础篇

- 第 1 章　3DS MAX 2012 简介
- 第 2 章　人体结构概述
- 第 3 章　生物建模基础工具简介

第1章　3DS MAX 2012 简介

3DS MAX 是 3D Studio MAX 的简称，是 Autodesk 公司出品的一款著名 3D 动画软件，是著名软件 3D Studio 的升级版本。3DS MAX 是世界上应用最广泛的三维建模、动画、渲染软件，广泛应用于游戏开发、角色动画、电影电视视觉效果和设计行业等领域。3DS MAX 2012 是目前的最新版本。本章将介绍 3DS MAX 2012 的新增功能、安装、启动以及系统配置等。

本章知识重点

➤ 3DS MAX 2012 的新增功能。

➤ 3DS MAX 2012 的安装、启动和退出。

➤ 3DS MAX 2012 对系统的配置要求。

1.1　3DS MAX 2012 新增功能

3DS MAX 2012 提供了出色的新技术来创建模型和为模型应用纹理、设置角色动画及生成高质量图像。该软件中集成了可加快日常工作流执行速度的工具，可显著提高个人和协作团队在处理游戏、视觉效果和电视制作时的工作效率。设计人员可以专注于创新，并可以自由地不断优化作品，以最少的时间提供最高品质的最终输出。

1. Nitrous 加速图形核心

作为优化 3DS MAX 的 XBR（神剑计划）的一个优先考虑事项，本版本中引入了一个全新的视口系统，显著改进了性能和视觉质量。Nitrous 利用了当今的加速 GPU 和多核工作站，从而用户可加快重做工作，并能够处理大型数据集，但其对交互性的影响却很有限。由于每个视口都是与 UI 分开的，用户可以在复杂的场景中调整参数，而无须等待视口刷新，从而形成更平滑、响应更快的工作流。同时，Nitrous 还提供了一个渲染质量显示环境，该环境支持无限灯光、软阴影、屏幕空间 Ambient Occlusion、色调贴图和高质量透明度以及在用户暂停时逐步优化图像质量，从而有助于用户在最终输出环境中做出更具创造性和更具艺术性的决策。

除了高质量的真实显示以外，Nitrous 视口还可以显示样式化图像，以创建各种非照片级真实感的效果（例如，铅笔、压克力、墨水、彩色铅笔、彩色墨水、Graphite、彩色蜡笔和工艺图），如图 1.1.1 所示。

2. 通过 Autodesk.com 访问 3DS MAX 帮助

从本版本开始，3DS MAX 帮助将以 HTML 格式发布到 Autodesk.com 网站上。默认情况下，3DS MAX 从 Web 位置调用帮助，从而为用户提供最新版本的可用文档。现在改为直接发布到网上，意味着我们对文档内容可以进行定期的更新和补充。这一变化也会显著减少在计算机上本地安装数据所需的内存量，加快了安装和卸载 3DS MAX 的速度。对于喜欢使用本地帮助的用户，也提供了 Autodesk 3DS MAX 2012 帮助的下载版本。

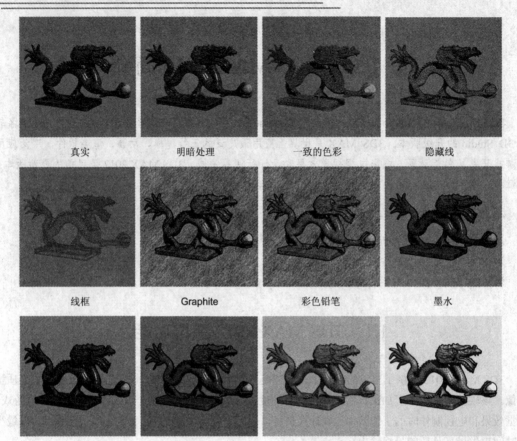

图 1.1.1　各种样式化图像显示效果

3. 改进了启动时间和内存需求量

作为 XBR（神剑计划）的一部分，3DS MAX 在性能方面进行了有针对性的改进，可以根据需要智能地加载各项工具，从而提高了启动速度，减少了内存占用量。

4. 功能区界面增强功能

增强的建模功能区适当地调整为暗 UI 颜色方案，执行速度更快，并且提供了更为一致的上下文 UI 位置和帮助访问功能，如图 1.1.2 所示。

图 1.1.2　建模功能区

　Tips ● ● ●

　　Graphite 建模工具集，也称为建模功能区，提供了编辑多边形对象所需的所有工具。其界面提供专门针对建模任务的工具，并仅显示必要的设置以使屏幕更简洁。

此外，在功能区中新实现了基于工具提示的上下文帮助。当有任何功能区工具提示处于打开状态时，按 F1 键即可将帮助打开到用于描述该工具的特定部分。

5．助手改进功能

现在，画布中的助手控件具有更好的适用性，在界面中的上下文位置更可预测，新增了键盘快捷键以加快交互速度，还具有不会妨碍用户选择的默认行为。

6．mental ray 升级

3DS MAX 附带的 mental ray 渲染器版本已升级到 mental ray 3.9，如图 1.1.3 所示，可以通过主菜单→帮助→附加帮助来访问 mental ray 帮助，如图 1.1.4 所示。

图 1.1.3　"mental ray 渲染器"对话框　　　　图 1.1.4　"附加帮助"对话框

7．更新了 Autodesk 材质

Autodesk 材质在各个方面都进行了更新，更易于使用。除了一些小更新之外，还有一些特定的增强功能。

（1）动态界面。"Autodesk Material"卷展栏现在可动态更新，以仅显示当前需要的控件，如图 1.1.5 所示。

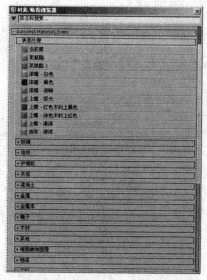

图 1.1.5　更新了的 "Autodesk Material" 卷展栏

（2）按对象指定颜色。现在，许多 Autodesk 材质的颜色控件包含此选项，此选项能够使用对象的 3DS MAX 线框颜色。

（3）作为通用复制。此选项可以用于将任何其他 Autodesk 材质类型转换为 Autodesk 通用类型，如图 1.1.6 所示。

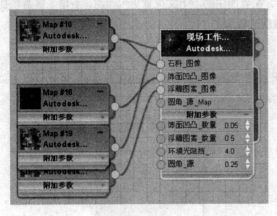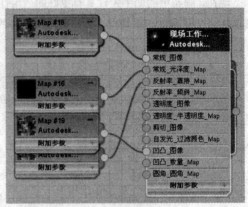

Autodesk 材质类型   Autodesk 通用类型

图 1.1.6　作为通用复制

8．Substance 程序纹理

使用新的包含 80 个 Substance 程序纹理的库，可实现广泛的外观变化。这些与分辨率无关的动态纹理占用很小的内存和磁盘空间，并且可以通过 Allegorithmic Substance Air 中间软件（可单独从 Allegorithmic 获得，当前已与 Unreal® Engine3 游戏引擎、Emergent 的 Gamebryo®游戏引擎和 Unity 相集成）。或者，可以使用 GPU 加速烘焙过程将 Substance 纹理到烘焙位图，以供渲染。

一些可动态编辑和可设置动画的参数示例有：砖墙的砖块分布、表面老化和砂浆厚度；秋天树叶纹理的颜色变化、密度和树叶类型；涂漆木材纹理的木板年龄和数量。此外，每种物质纹理都具有随机化的设置，用以将自然的变化添加到用户的场景中。如图 1.1.7 所示为 Substance 程序纹理贴图卷展栏。

图 1.1.7　Substance 程序纹理贴图卷展栏

9.“Slate 材质编辑器”改进功能

“Slate 材质编辑器”界面在各个方面都进行了更新，提高了可用性，如图 1.1.8 所示。

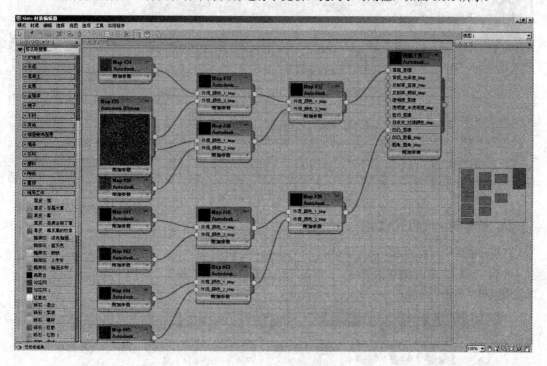

图 1.1.8　Slate 材质编辑器

（1）可以使用键盘导航材质/贴图浏览器。

（2）现在可以对“Slate 材质编辑器”操作进行撤消和重做，而不只是仅有活动视图的导航更改才可进行撤消和重做。

（3）在材质、贴图和控制器节点中，微调器和数字字段的行为方式现在与它们在 3DS MAX 界面的其他部分中的行为方式更为相似。尤其是右键单击箭头可将值设置为零或最小；按住 Ctrl 键并拖动可增加值变化的速率，而按住 Alt 键并拖动可降低值变化的速率；在数值字段中按“Ctrl+N”键可显示数值表达式求值器（右键单击数字字段不会像在界面其他部分中那样，显示“复制/粘贴”菜单）。

（4）过去仅可从“精简材质编辑器”访问的各种操作，现在也可在“Slate 材质编辑器”中进行访问，而且新增了两个用于更快访问材质管理工具的菜单选项。

10. UVW 展开功能增强

“UVW 展开”修改器具有许多增强功能，如图 1.1.9 所示，具体包括以下内容：

（1）简化、重新组织并图标化修改器界面。

（2）在编辑器界面中，可在更新的工具栏和新增的卷展栏上通过单击图标访问许多以前只有在菜单中进行访问的工具。

（3）新增的“剥”工具集可通过执行 LSCM（最小方形保形贴图）方法来展开纹理坐标，从而使展平复杂曲面时使用的工作流更简单直观。

（4）该编辑器包含一些有用的新工具，用于变换、展平和紧缩纹理坐标。

（5）新增的分组工具能够保留相关群集间的物理关系。

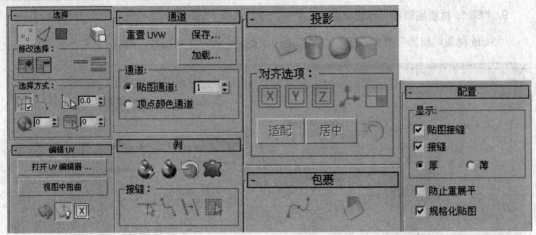

图 1.1.9 "UVW 展开"修改器卷展栏

11. 新增 Graphite 建模工具

建模功能区中最近新增的功能包括：

（1）一致笔刷用于通过绘制将一个对象塑造为另一个对象的形状，如图 1.1.10 所示。例如，可以将道路模型塑造到坡路的曲面上。

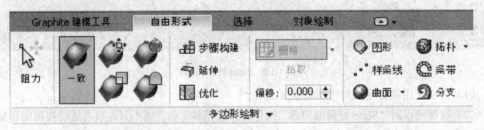

图 1.1.10 一致笔刷

（2）变形笔刷用于通过绘制使网格几何体变形，现在该功能可以实现"旋转"和"缩放"变形，如图 1.1.11 所示。

（3）新增的"约束到样条线"选项用于将任何"绘制变形"笔刷限定到由样条线定义的路径，如图 1.1.12 所示。例如，可以使用此功能在对象的曲面上呈现螺旋形或星形的浮雕效果。

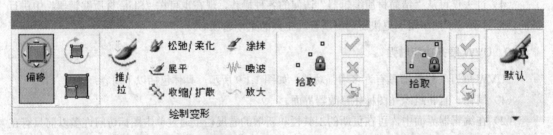

图 1.1.11 变形笔刷　　　　　　　　　　　图 1.1.12 "约束到样条线"选项

12. 向量置换贴图

Autodesk 3DS MAX 2012 可以使用从 Autodesk Mudbox 导出的向量置换贴图。这种类型的贴图是常规置换贴图的一种变体，允许在任意方向置换曲面，而不只是仅沿曲面法线进行置换。

13. iray 渲染器

在 3DS MAX 中，使用新集成的来自 mental images® 的 iray 渲染技术可使创建真实图像变得前所未有的简单。渲染变革道路上另一个重要的里程碑是，iray 渲染器使用户可以设置场景，单击"渲染"并获得可预测的、照片级真实感的效果，而无须考虑渲染设置，就像傻瓜摄影机。用户可以专注于自己的创造性景象，通过直观地使用真实世界中的材质、照明和设置，以便更加精确地描绘物理世界。iray 可逐步优化图像，直到达到所需的详细级别。iray 渲染器使用标准的多核 CPU，但是支持 NVIDIA™ CUDA 的 GPU 硬件将显著加快渲染过程。iray 渲染器渲染设置参数栏如图 1.1.13 所示。

14. Quicksilver 改进功能

Quicksilver 硬件渲染器界面已得到改进，如图 1.1.14 所示。另外，现在可以渲染样式化图像，以创建各种非照片级真实感效果（例如，铅笔、压克力、墨水、彩色铅笔、彩色墨水、Graphite、彩色蜡笔和工艺图），如图 1.1.1 所示。

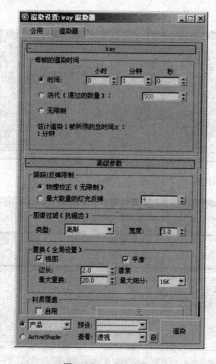

图 1.1.13 iray 渲染器

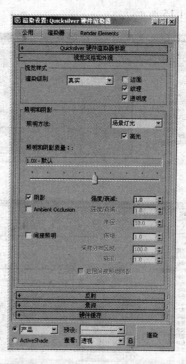

图 1.1.14 Quicksilver 硬件渲染器

15. 单步套件互操作性

使用"发送到"功能，可以通过 3DS MAX 和 Autodesk Mudbox™ 软件、Autodesk Motion Builder® 软件和 Autodesk Softimage® Interactive Creation Environment (ICE) 之间的单步互操作性，无缝使用 Autodesk 3DS MAX Entertainment Creation Suites 中的集中工具集。将 3DS MAX 场景发送到 Mudbox 以直观方式添加有机塑形和绘制细节，然后通过一个简单的步骤更新 3DS MAX 中的场景。将 3DS MAX 场景导出到 MotionBuilder 以访问专用的动画工具集，而不必考虑文件格式细节，可以直接从 3DS MAX 场景使用 Softimage ICE 粒子系统。使用单步互操作性，用户可以更容易地访问适用于手头任务的最佳工具。

16. MassFX 刚体动力学

作为 XBR 计划的一部分，Autodesk 3DS MAX 2012 引进了模拟解算器的 MassFX 统一系统，并提供其第一个模块：刚体动力学。使用 MassFX，用户可以利用多线程 NVIDIA® PhysX®引擎，直接在 3DS MAX 视口中创建更形象的动力学刚体模拟。MassFX 支持静态、动力学和运动学刚体以及多种约束：刚体、滑动、转枢、扭曲、通用、球和套管以及齿轮。动画设计师可以更快速创建广泛的真实动态模拟，还可以使用工具集进行建模。例如，创建随意放置的石块场景，指定摩擦力、密度和反弹力等物理属性与从一组初始预设真实材质中进行选择并根据需要调整参数一样简单。

17. 公用 F-Curve 编辑器

由于新的"F-Curve 编辑器"为编辑动画曲线提供了通用的用户界面与一致的术语，动画设计人员可以轻松地在 Autodesk 3DS MAX Entertainment Creation Suite PREMIUM 中的多个产品之间切换。此外，新的曲线编辑器还提供了更好的上下文曲线控件、多点编辑以及快速切换"控制器"窗口的功能，如图 1.1.15 所示。

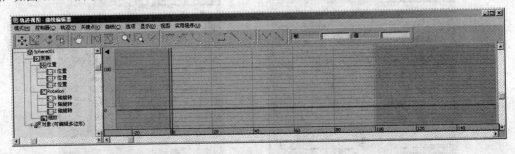

曲线编辑器

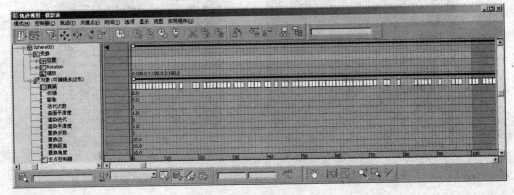

摄影表

图 1.1.15　F-Curve 编辑器

用于创建关键点的默认"自动切线"方法稍有调整，可以生成更加平滑的动画。

通过新的区域工具可以缩放和移动选定关键点，而无须切换编辑模式。

默认情况下显示的工具栏更少，"过滤器"设置略有不同，有关详细信息请参见曲线编辑器工具栏。

新的"切线动作"工具栏提供用于打断和统一关键点切线的功能（控制柄）。

曲线编辑器窗口中的右键单击菜单略有不同。

18. 与 Autodesk Alias 产品的互操作性

本软件新增了本地导入 Wire 文件到 3DS MAX 中（作为实体对象）的功能，并且导入后将保留对象名称、层次、图层和材质名称，因此在进行工业设计时，本软件可以与 Autodesk Alias® Design 软件更加无缝地配合工作。现在，设计人员可以在 3DS MAX 中以交互方式调整细分结果以微调可视化效果，并使用 3DS MAX 中直观的 Graphite 多边形建模工具集在 Alias Design 参考数据之上添加塑形细节，编辑的网格可作为 OBJ 文件导回到 Alias Design 中。

19. ProOptimizer 改进功能

现在，设计人员可以使用增强的 ProOptimizer 功能更快、更有效地优化模型，并获得更好的效果，如图 1.1.16 所示。

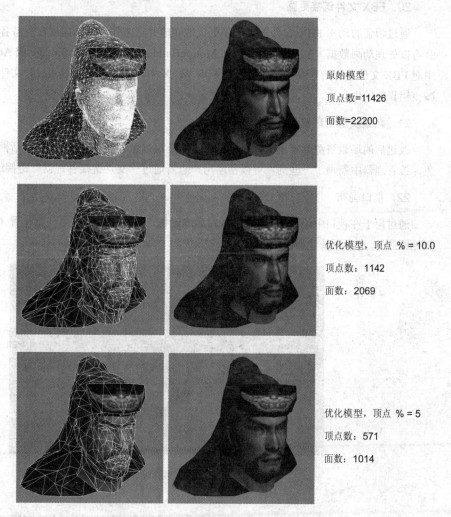

原始模型
顶点数=11426
面数=22200

优化模型，顶点 % = 10.0
顶点数：1142
面数：2069

优化模型，顶点 % = 5
顶点数：571
面数：1014

图 1.1.16　ProOptimizer 效果对比

该功能现在还提供法线和 UV 插值，以及在低分辨率结果中保持高分辨率法线的能力。具体的优点包括：

（1）优化效果更佳。现在极少发生面翻转，可以稳定地使用 ProOptimizer 来优化图形，多边形的尺寸现在更加统一。

（2）优化速度更快。ProOptimizer 现在的速度是以前版本中的 3 倍。

（3）UV 插值。UV 现在采用插值处理方式，因此如果启用"保持 UV 边界"，在优化过程中各点可以移动到最佳位置。在优化纹理网格时，这种方式会产生更好的效果。

（4）法线插值。法线现在采用插值处理方式，可以产生更平滑的效果。在启用保留法线的情况下，优化比率更高。

（5）内存需求更少。在不需要进行插值处理时，内存使用率约减少 25%。现在，可以优化更大的网格。

（6）"锁定顶点/点位置"选项。通过此新选项可以锁定顶点位置，这样有助于在优化后的网格中减少扭曲情况的发生。

20. FBX 文件链接更强

通过增强的动态 FBX 文件链接可以更快地完成并行工作，该功能现在支持各种来源的文件，并且可以处理动画数据。在应用程序（例如 MotionBuilder，Mudbox，Softimage 或 Autodesk Maya 软件）中对 FBX 文件进行的更改将自动更新到 3DS MAX 中，而无须耗费时间进行文件合并，并且有助于减少错误的发生。

21. 场景资源管理器改进功能

改进后的场景资源管理器运行速度更快。它还可以像其他 3DS MAX 对话框一样显示自定义颜色。该管理器中新增了一些列，可以帮助用户查看通过"文件链接管理器"链接的对象状态。

22. 视口画布

通过用于在视口中绘制 3D 对象的视口画布功能，现在可以从屏幕任意位置（包括照片编辑器等其他程序））克隆图像，如图 1.1.17 所示。

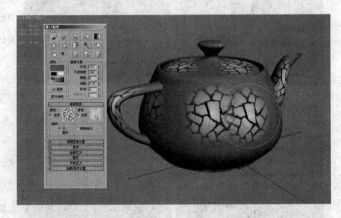

图 1.1.17　视图画布效果

1.2　3DS MAX 2012 的安装、启动和退出

对于初次使用 3DS MAX 2012 软件的用户来说，软件的安装、启动和退出也是非常重要的。本节将详细介绍 3DS MAX 2012 的安装、启动和退出。

1.2.1 3DS MAX 2012 的安装

3DS MAX 2012 提供了一个安装向导，用户可以根据该向导的操作提示方便地进行安装。具体安装步骤如下：

（1）将 3DS MAX 2012 安装光盘放进光盘驱动器。

（2）在桌面上双击"我的电脑"图标，打开 **我的电脑** 窗口。

（3）双击光盘驱动器图标，打开 3DS MAX 2012 安装程序所在文件夹。

（4）光盘上的文件是一个自解压文件，双击后会出现如图 1.2.1 所示的安装界面，这里的 install 是指从自解压文件里解压的路径（也就是安装文件的存放路径）。单击 **Install** 按钮，会出现解压过程，如图 1.2.2 所示。

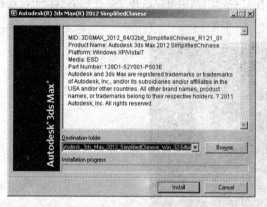

图 1.2.1 解压对话框

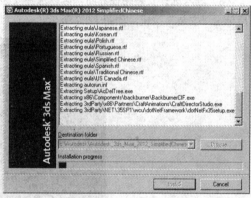

图 1.2.2 解压过程

（5）解压完成后会自动进入安装界面，如图 1.2.3 所示，单击 安装 按钮开始安装，如图 1.2.4 所示。

图 1.2.3 "安装初始化"界面

图 1.2.4 安装界面

（6）这时进入许可协议界面，选择"我接受"选项，然后单击"下一步"继续，如图 1.2.5 所示。

（7）进入选择产品类型界面，在许可类型中选择"单机"选项，在产品信息中选择"我想要试用该产品 30 天"，然后单击"下一步"继续，如图 1.2.6 所示。

图 1.2.5 "许可协议"界面

图 1.2.6 "选择产品类型"界面

（8）进入选择安装路径界面，可以选择安装在 C 盘，当然也可以选择安装在别的盘符上，选择好后单击"安装"按钮，如图 1.2.7 所示。

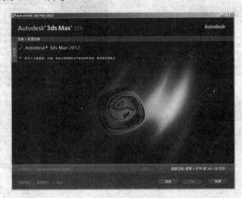

图 1.2.7 选择安装路径

（9）进入安装过程中，安装的快慢与电脑性能有关，安装过程如图 1.2.8 所示，过一段时间后安装完成，这时单击 完成 按钮，Autodesk 3DS MAX 2012 的试用版本就已经安装在用户的电脑上了，如图 1.2.9 所示。

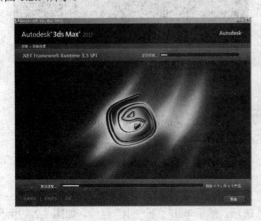

图 1.2.8 安装过程

图 1.2.9 安装完成

（10）用户根据安装提示信息完成 3DS MAX 2012 的注册。

（11）重新启动计算机，即可完成 3DS MAX 2012 的安装。

1.2.2　3DS MAX 2012 的启动

3DS MAX 2012 的启动方法有很多种,这里向用户介绍两种常用的启动方法。

(1)直接双击桌面上的 3DS MAX 2012 快捷方式图标 。

(2)单击 开始 按钮,选择 运行(R)… 选项,在如图 1.2.10 所示的 运行 对话框中输入 3DS MAX 2012 的启动路径,然后单击 确定 按钮即可启动,3DS MAX 2012 的启动画面如图 1.2.11 所示。

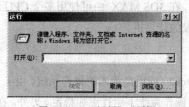

图 1.2.10　"运行"对话框

图 1.2.11　3DS MAX 2012 的启动画面

1.2.3　3DS MAX 2012 的退出

3DS MAX 2012 的退出方法有多种,常用的几种方法介绍如下:

(1)直接单击 3DS MAX 2012 界面标题栏右端的"关闭"按钮 ,弹出 3ds Max 提示框,如图 1.2.12 所示。如果需要保存则单击 是(Y) 按钮,否则单击 否(N) 按钮。

图 1.2.12　"3DS MAX"提示框

(2)选择 文件(F) → 退出 3ds Max 命令或直接按"Alt+F4"键。

1.3　3DS MAX 2012 系统配置和设置

3DS MAX 2012 对系统的配置要求比较高,如果在系统配置较差的系统中运行时,常常会出现诸如运行速度缓慢、程序界面紊乱、无法正常操作等现象。另外,在 3DS MAX 2012 中还可以对操作界面进行设置,以满足不同用户的需求。

1.3.1　3DS MAX 2012 的系统配置

针对 3DS MAX 2012 对系统的特殊配置要求,向用户推荐的系统配置如下:

1．内存

内存在 3DS MAX 的设计制作过程中起着至关重要的作用,基本配置要求至少有 256 MB 的物理内存和 500 MB 的缓存空间。在不同的操作系统中，可以稳定运行 3DS MAX 2012 所需内存及缓存的大小不同。

基本内存配置可以用来学习或制作一般的小型场景，而在制作大型场景时就需要扩充内存了。有些设计人员习惯通过增加虚拟内存的方法来缓解内存不足的问题。虚拟内存是在硬盘上开辟一块临时区域，专门用来存放部分内存数据的，由于硬盘的数据传输率远不及内存，所以会大大地降低工作效率。尤其是在对图像进行渲染时，过度频繁地读写磁盘会导致硬盘损伤，甚至出现坏道，所以应根据工作情况适当地扩充物理内存。

2．CPU

使用 Pentium Ⅲ以上或同等性能的 AMD 系列即可，在 3DS MAX 中可使用多个 CPU 进行渲染。因此，配置了多个 CPU 的计算机渲染速度明显快于一般的计算机。

3．操作系统

推荐使用 Windows 2000 和 Windows XP（Service Pack2）或更高版本的操作系统。由于 3DS MAX 2012 软件是专门针对该类操作系统开发的，所以在该类操作系统下运行更加稳定。另外，在 Windows XP 或 Windows 2003 操作系统中，可以同时打开多个 3DS MAX 2012 文件，而在 Windows 9x/2000 操作系统中不能同时打开多个 3DS MAX 2012 文件。浏览器一般应使用 IE 6.0 并支持 DirectX 9c。

4．显卡

对于 3DS MAX 2012 来说，最为重要的就是显卡，性能优越的显卡可以减轻计算机 CPU 的工作量，也可提高设计制作的速度。基本配置是 64 MB 的显存，1 024×768 的 16 位分辨率。对于 3DS MAX 2012 的专业用户来说，应配置一款图形加速卡，一般要支持 Direct3D 和 OpenGL1.1 或更高版本的驱动程序。

5．声卡和音箱

这两个部分为可选设备，用户可根据自身需要进行选择。

1.3.2 设置系统参数

选择菜单栏中的 自定义(U) → 首选项(P)... 命令，弹出 首选项设置 对话框，如图 1.3.1 所示。在该对话框中包含了 13 个选项卡，下面分别进行介绍。

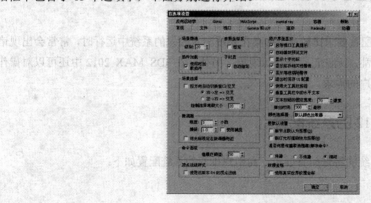

图 1.3.1 "首选项设置"对话框

1. 常规

在常规选项卡中可以对系统的常规选项进行设置，可以设置用于用户界面和交互操作的选项，如撤销的次数、微调等。

2. 文件

在"首选项设置"对话框的"文件"面板上，可以设置与文件处理相关的选项。您可以选择用于归档的程序并控制日志文件维护选项。并且，自动备份功能可以在设定的时间间隔内自动保存工作。如文件处理、日志文件维护等。

3. 视口

在"首选项设置"对话框的"视口"面板中，可以设置视口显示和行为的选项，还可以设置当前"显示驱动程序"，如灯光衰减、显示世界坐标轴、栅格轻移距离和过滤环境背景等。

4. Gamma 和 LUT

在"首选项设置"对话框的"Gamma 和 LUT"面板上，可以设置选项来调整用于输入和输出图像以及监视器显示的 Gamma 和查询表 (LUT) 值。查询表 (LUT) 校正提供的功能与其他"Autodesk 媒体和娱乐"产品（如 Combustion）及系统套件（如 Inferno，Flint，Smoke，等等）中所使用的功能相同。该功能允许 studios 实现显示颜色的一致方法，假设其监视器被校准为相同的参考。因此，3D 美术师可以制造接近于合成器通过取消等式中的变量所获得的结果：屏幕上显示颜色的方式。Gamma 校正补偿不同输出设备上颜色显示的差异，以便在不同的监视器上查看，或用作位图或打印时，图像看起来是一样的。

  Tips ● ● ●

此处可用的查找表控制控件并不影响场景的曝光控制或照明。但是它们影响最终图像的颜色，这只与显示有关。通过在 studio 之间有一个参考（具有校准的监视器），使用标准化的表最大程度地减少渲染输出中的变量。

5. 渲染

在"首选项设置"对话框的"渲染"面板上，可以设置用于渲染的选项，如渲染场景中环境光的默认颜色。有很多选择可以重新指定用于产品级渲染和草图级渲染的渲染器。该选项卡中的命令还用于设置渲染的一些参数，如输出抖动、渲染终止警报等。

6. 动画

在"首选项设置"对话框的"动画"面板上，可以设置与动画相关的选项。这些选项包括在线框视口中显示的已设置动画的对象、声音插件的指定和控制器默认值。该选项卡中的命令还用于设置动画中的一些参数，如关键点外框显示、声音插件等。

7. 反向运动学

该选项卡中的命令主要用于设置反向运动连接的一些参数，如阀值、迭代次数等。

8．Gizmo（边界盒）

该选项卡中的命令主要用于设置操作命令的显示范围，如移动、旋转、缩放等。

9．MAXScript（MAX 脚本）

可以设置"MAXScript"和"宏录制器"首选项，启用或禁用"自动加载脚本"设置初始堆大小，更改 MAXScript 编辑器使用的字体样式和大小，并管理"宏录制器"的所有设置，如启用 MAX 脚本、字体、字号等，也可以通过编辑 3DSMAX.INI 文件的 MAXScript 部分来更改这些设置。

10．Radiosity（光能传递）

该选项卡中的命令主要用于设置场景中材质编辑器显示比和透视比信息、显示光能传递等。

11．mental ray

该选项卡中的命令主要用于设置当系统开启了 mental ray 渲染器时的一些参数。

12．容器

"容器"面板设置用于使用容器功能的首选项，尤其是可以使用"状态"和"更新"设置来提高性能。

13．帮助

默认情况下，选择 帮助(H) → Autodesk 3ds Max 帮助(A)... 或以其他方式访问此帮助时，将从 Autodesk 网站打开帮助。但是此面板，用户也可以从在帮助系统下下载的或提取到的帮助文件在本地或网络驱动器中打开。

要从本地驱动器打开帮助，请首先从 http://www.autodesk.com/3dsmax-helpdownload-chs 下载帮助，接着将归档文件提取到选择的文件夹或网络驱动器中，选择"局部计算机/网络"选项，最后指定帮助文件的位置。

1.3.3 视口配置

选择 视图(V) → 视口配置(V)... 命令，弹出 视口配置 对话框，如图 1.3.2 所示。在该对话框中包含 8 个选项卡，通过这 8 个选项卡可以设置视图区各方面的参数。下面分别进行介绍。

1．视觉样式外观

对于 Nitrous 视口驱动程序，可通过"视口配置"对话框的"视觉样式外观"面板为当前视口或所有视口设置渲染方法，如图 1.3.3 所示。视觉样式可以包含非照片级真实感样式。对于 NVIDIA Quadro FX 卡（FX4800 更佳），Nitrous 需要使用 Direct3D 9.0 以及最新的视频驱动程序。

  Tips ●●●

此面板相当于旧版本视口驱动程序的"渲染方法"面板，但是它包括仅适用于 Nitrous 选项（例如视觉样式）的控件。它还将照明和阴影控件合并到一个面板中。

图 1.3.2　"视口配置"对话框　　　　　　图 1.3.3　"视觉样式外观"选项卡

2. 布局

布局选项卡主要用于设置操作界面中视图区的布置形式，如图 1.3.4 所示。在 ▢布局 选项卡中有 14 种视图布局方式供用户选择，单击其中的任何一种，都可以在其下方显示所选的布局形式。当单击下方当前视图区时，会弹出如图 1.3.5 所示的当前视图菜单。在该菜单中列举了所有的视图区类型，选中某一个视图区类型时，可以将选中的视图区改为所选的视图区类型。

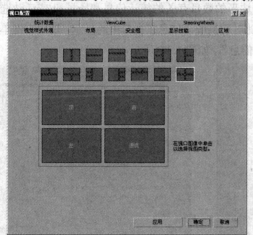 

图 1.3.4　"布局"选项卡　　　　　　图 1.3.5　当前视图菜单

3. 安全框

安全框选项卡主要用于设置安全框的效果，如设置是否在活动视图中显示安全框以及设置安全框的百分比等，如图 1.3.6 所示。

4. 显示性能

对于 Nitrous 视口，可以在"视口配置"对话框的"显示性能"面板上调整自适应视口的显示方法，如图 1.3.7 所示。对于旧的视口（Direct3D，OpenGL 等），类似的选项集显示在"自适应降级"面板上。自适应降级设置与 MAX 场景文件一起保存，要切换自适应降级，请在提示行上单击"自适应降级"按钮，或按 O 键。当用户正在着色视口调整灯光并且想实时查看效果时，此方法很方便，或在调整摄影机并且需要查看复杂几何体确切的外观时，此方法也非常实用。

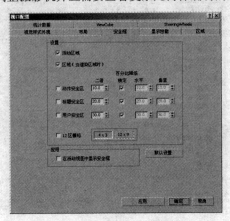

图 1.3.6　"安全框"选项卡

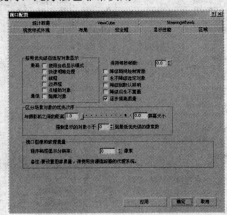

图 1.3.7　"显示性能"选项卡

5. 区域

区域选项卡主要用于设置区域的大小和位置等参数，可以指定"放大区域"和"子区域"的默认选择矩形大小，并设置虚拟视口的参数，如图 1.3.8 所示。

6. 统计数据

使用这些控件显示视口中与顶点和多边形的数目有关的统计信息和场景和/或活动选定对象中的统计信息，以及每秒显示的实时帧数。要随时切换统计信息在视口中的显示，请用右键单击该视口标签（例如"透视"），然后选择"显示统计信息"，如图 1.3.9 所示。

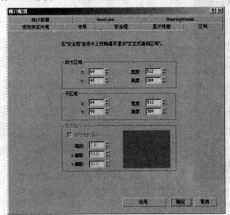

图 1.3.8　"区域"选项卡

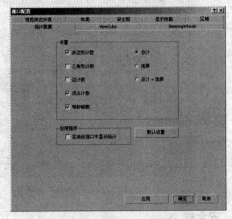

图 1.3.9　"统计数据"选项卡

7. ViewCube

这些控制会影响与 ViewCube 功能的交互作用。任何在设置中的更改都将保留在各个会话中，ViewCube 可以提供视口当前方向的可视反馈，从而使用户可以调整视图的方向，如图 1.3.10 所示。

8. SteeringWheels

这些控件会影响与 SteeringWheels 功能的交互操作。任何在设置中的更改都将保留在各个会话中。SteeringWheels 是追踪菜单，通过它们用户可以从单一的工具访问不同的 2D 和 3D 导航工具，如图 1.3.11 所示。

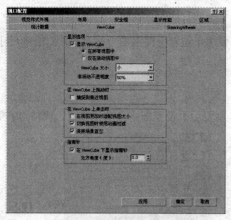

图 1.3.10　"ViewCube" 选项卡

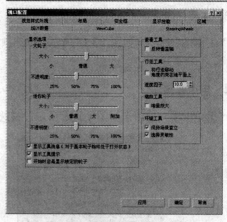

图 1.3.11　"SteeringWheels" 选项卡

1.3.4　栅格和捕捉设置

选择 工具(T) → 栅格和捕捉 → 栅格和捕捉设置(G)... 命令，弹出 栅格和捕捉设置 对话框，如图 1.3.12 所示。

图 1.3.12　"栅格和捕捉设置" 对话框

在该对话框中包含了 4 个选项卡，下面分别进行介绍。

1. 捕捉

在"捕捉"选项卡中有两个系统默认选项：顶点和边/线段。在使用时，用户可以根据捕捉的需要进行修改。另外，当选择 Standard 下拉列表中的 NURBS 选项时，"捕捉"选项卡如图 1.3.13 所示。

2. 选项

"选项"选项卡如图 1.3.14 所示，该选项卡主要用于设置捕捉的一些选用参数，如捕捉半径、角度等。

图 1.3.13　"捕捉" 选项卡

图 1.3.14　"选项" 选项卡

3．主栅格

"主栅格"选项卡如图 1.3.15 所示，该选项卡主要用于设置主栅格的一些参数，如栅格尺寸、间距等。

4．用户栅格

"用户栅格"选项卡如图 1.3.16 所示，该选项卡主要用于设置栅格自动化参数、栅格对齐等。

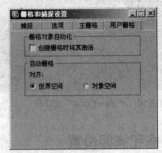

图 1.3.15　"主栅格"选项卡　　　　图 1.3.16　"用户栅格"选项卡

1.3.5　单位设置

选择 自定义(U) → 单位设置(U)… 命令，弹出 单位设置 对话框，如图 1.3.17 所示。

在该对话框中，可以将系统单位设置成公制、美国标准以及自定义 3 种类型。单击 系统单位设置 按钮，弹出如图 1.3.18 所示的 系统单位设置 对话框，在该对话框中可以设置系统单位比例、精度等参数。

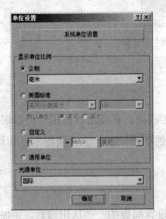

图 1.3.17　"单位设置"对话框　　　　图 1.3.18　"系统单位设置"对话框

本 章 小 结

本章主要讲述了 3DS MAX 2012 的发展历程、新增功能、安装、启动，以及 3DS MAX 2012 的特性、系统配置和系统设置等基础知识。通过本章的学习，用户对 3DS MAX 2012 有了一个大致的了解，为以后的学习奠定基础。

第 2 章　人体结构概述

所谓胸有成竹，也就是在我们开始制作人体的时候，心里应该已经有了一个完整的人体模型。因此，为了创造出优秀的人体模型，在制作之前，我们必须将人体各部分的结构和特征熟记于心。如果你以前受过一定的专业绘画训练，那么本章内容可作为原有知识上的巩固；如果没有，那么请深入学习本章的内容，相信对你制作 CG 角色会有很大的帮助。

本章知识重点

➤ 了解人体的整体结构和比例。

➤ 学习男女骨骼的特点。

➤ 了解人体的面部结构。

2.1　人体的整体结构和比例

这一节我们将学习人体结构的基础知识，让大家对人体先有个概念性的了解，在之后的实战部分，再对人体的骨骼及肌肉进行深刻的学习。

2.1.1　人体的整体比例

现实生活中的人，身体高度比例都在 7～7.5 个头身左右。艺术上，则认为最佳的人体比例应该是 8 头身，而英雄的形象为 9 头身。一岁时的婴儿身体比例大概为 4 头身，身体的中心点在肚脐附近的位置。3 岁时身体比例大概为 5 头身，身体中心下移到了小腹上。长到 5 岁时，身体比例为 6 头身左右，身体中心下移到小腹下侧。而到了 10 岁以后，身体中心几乎没有大的变化，身体比例从 7 头身长到了 8 头身。从中可以看出，如果要制作一个小精灵或是 Q 版的人物，可以增加头部和上身在身体上所占的比例，减少下身的比例，而制作英雄或者模特一类的角色则相反。

如图 2.1.1 所示为从 1 岁到成年，人体高度比例的变化，其中的三条虚线分别为肩部、人体中心及膝部的位置变化。

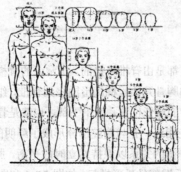

图 2.1.1　不同年龄段的人体比例

成年人的肩膀宽度大约为头部的两倍，制作魁梧的角色时可以适当地加宽肩膀。双手下垂时指尖的位置一般在大腿的两侧偏下，增加手臂的长度会使角色看起来像猴子，制作古怪的角色时可以采用这种办法。

2.1.2 头部

人的头部是 CG 角色制作中的一个重要部分，是一个角色的主要特征，它可以传达角色的性格、性别、年龄等信息，而决定这些的主要因素是人的五官。人的五官特征、结构各有差异。绘画上把人的头部结构分为三停五眼，就是说，从正面看人的头部，从发髻线到眉弓，从眉弓到鼻头，从鼻头到下颌的三段距离是相等的，称之为三停；五眼就是两只耳朵之间的距离为 5 只眼睛的距离。成年人的眼睛大概在头部的二分之一处，儿童和老人的眼睛略在头部的三分之一以下，两耳在眉弓与鼻头之间的平行线内。这些普通化的头部比例只能作为我们制作 CG 角色时的一个参考，在实际制作中可以根据实际情况灵活运用。如图 2.1.2 和图 2.1.3 所示为成年人的头部特征。

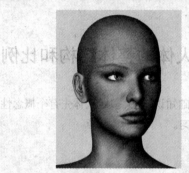

图 2.1.2 人头模型（1）

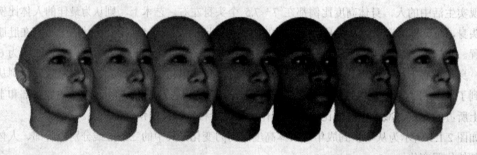

图 2.1.3 人头模型（2）

2.1.3 躯干

人的躯干从颈部到骨盆为止，都是由脊椎连接的。正常人的脊椎从侧面看呈 S 形。我们将胸部前面的骨骼称为胸骨，肋骨从前面的胸骨开始呈椭圆形围绕到脊椎，组成了胸腔。肋骨从胸骨开始向下延伸，直到身体两侧，此时为肋骨的最低位置。躯干下部，也就是骨盆的部分常呈楔状，由脊椎和逐渐缩小的腰腹肌肉与椭圆形的胸腔相连，并与胸腔部分形成了鲜明的对比。从通常的站立姿势上看，人体躯干的两个大块呈现出相对平衡的关系以保持站立时的平衡。胸腔后倾，肩膀后拉，胸腔正面突出；下部的骨盆前倾，下腹内收，后臀部呈弧形拱起。如图 2.1.4 和图 2.1.5 所示为成年人的躯干特征。

图 2.1.4　躯干模型（1）

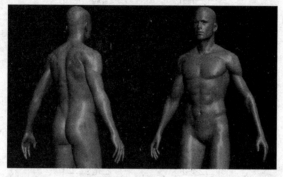

图 2.1.5　躯干模型（2）

2.1.4　手臂和腿

　　手臂和腿部的块体比较相似，都可以伸展，由两节组成，每节的形状都可以概括成圆柱体和圆锥体。人的上肢下垂后，肘部关节一般在从头顶开始 3 倍头部长度的位置上，而且上臂比下肢长。在正常站立的时候，人的小腿基本垂直于地面，大腿和骨盆前倾，并与小腿产生一定的角度，小腿比大腿略长。如图 2.1.6 和图 2.1.7 所示为成年人的手臂和腿部模型。

图 2.1.6　手臂模型

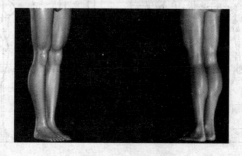

图 2.1.7　腿部模型

2.2　男女骨骼的对比

在傍晚，当我们走在面对着太阳的路上时，从对面走来一个人，我们既看不清他的长相，也看不清他的衣着，但通过轮廓却可以分辨出他的性别。

男女骨骼上的差异决定了男性的轮廓比较分明，而女性的则比较柔美。如果想制作出优秀的角色模型，对男女骨骼的差异进行研究是必要的。如图 2.2.1 所示为男性、女性的体型对比图。

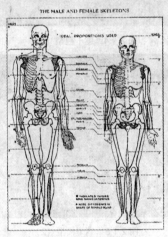

图 2.2.1　男女骨骼对比

2.2.1　肩宽对比

从图 2.2.1 中可以看出，在头部大小一样的情况下，男性的肩宽略大于两个头，而女性的则略小于两个头。因此，在制作女性的时候肩宽最好不要超过两个头，否则看起来会很不舒服；而制作男性的时候，要保证肩宽不小于两个头，如果要制作强壮的角色，可以把肩宽做到 2.5 个头或者更宽一些。

2.2.2　胸腔对比

在高度一样的情况下，男性的胸腔宽度和厚度都要大于女性，如图 2.2.2 所示。

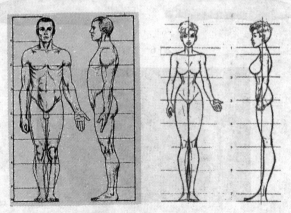

图 2.2.2　男女胸腔对比

2.2.3 骨盆对比

男性骨盆的宽度一般是头部的 2.4 倍，略小于胸腔的宽度，如图 2.2.3 所示。最瘦弱的女性骨盆的宽度也是头部的 2.5 倍，略大于胸腔的宽度。在制作的时候，增加骨盆的宽度可以突出女性的特征，但是过宽会使角色看起来臃肿，一般做成头部的 2.6 倍就行了。

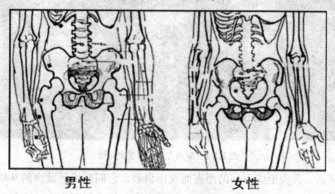

男性　　　　　　　　　**女性**

图 2.2.3　男女骨盆对比

2.3　面部结构

人物的面部肌肉非常复杂，控制人物面部的表情在建模时也相对比较困难，稍有不慎就会前功尽弃。这里介绍一种比较好的方法，3DS MAX 的 morpher 变形修改命令可以将多个不同的面部表情进行组合，组合后形成了复杂的面部表情，前提是必须先做好一系列面部表情的模型，然后就可以很方便地进行组合了。

2.3.1 东方人和西方人的面部结构对比

东方人和西方人的面部结构不同，西方人的面部弧度比较大，东方人比较平。如图 2.3.1 所示，东方人眼窝浅，鼻梁矮（左），西方人眉弓高，鼻梁高（右）。

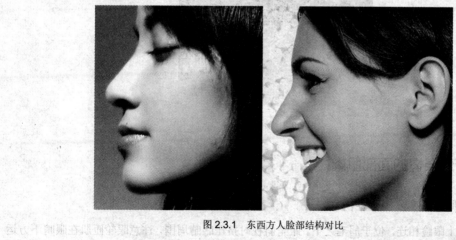

图 2.3.1　东西方人脸部结构对比

如图 2.3.2 所示，西方人面部结构的转折比较分明（左），而东方人的面部比较圆润（右）。

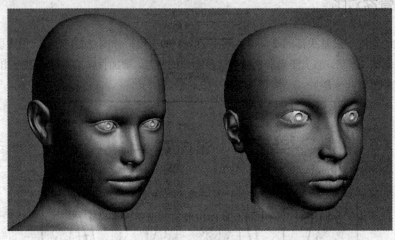

图 2.3.2　东西方人脸部模型对比

发音是由嘴、牙齿、舌头形成不同的形态而发出语音，它们是说话发声的基础。一组音素列成一串，形成单词和词组的发音。这听起来很简单，如果将这种想法保留到为动画复制语音，你就会发现这相当复杂。

现在我们该知道制作面部模型的一个简单的单词需要做多少工作了。为了更好地理解将要在嘴周围的操作，我们先来看看脸部的肌肉，这能帮助我们建立关键形态的模型，并且能了解发音时脸部肌肉是如何协调工作的。

尽管脸部有多达 26 块的肌肉，但仅仅有 11 块对脸部表情和说话有作用（加上移动颌部上下的主肌肉群），如图 2.3.3 所示。

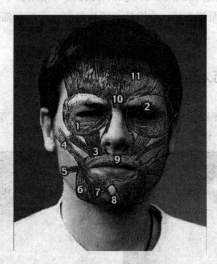

图 2.3.3　脸部肌肉

2.3.2　产生表情的面部肌肉

1．眼轮匝肌

眼轮匝肌与上眼睑相连，位于眉毛之下。眼睛斜视时挤压眼睛周围，注意眼轮匝肌在眼睛下方运动（而不是下眼睑周围）。

2．提睑肌

提睑肌在做出惊讶表情时提起眼睑，也用于眨眼。

3．上唇方肌

上唇方肌有三个分支：里边一支始于鼻子基部；中间的连接到眼眶底部；外边一支连接到颧骨。它们在上嘴唇附近相交，可表现冷笑。

4．颧骨肌

颧骨肌连接颧骨和眼轮匝肌处的嘴角，向上后方拉动嘴角形成微笑，这是微笑比皱眉所需肌肉较少的原因。

5．Risorius/颈阔肌

Risorius 始于颌部后方，颈阔肌实际上始于胸膛上部，两者在嘴角相交，作用是伸展嘴唇形成痛苦、做鬼脸或哭的表情（颈阔肌没有画出，因为它会挡住其他肌肉）。

6．三角肌

三角肌向下拉动嘴角形成悲哀的表情。

7．下唇方肌

下唇方肌沿下巴底部向上止于嘴唇，向下拉动下嘴唇用于说话。

8．颌肌

颌肌使下巴皱起并往下推动下嘴唇，帮助形成噘嘴生气的表情。

9．口轮匝肌

口轮匝肌围绕嘴部，可卷曲或绷紧嘴唇。

10．皱眉肌

皱眉肌位于鼻梁和眉毛中部，用于皱起眉头或拉动眉毛内角到一起。

11．前额肌

前额肌主要用于皱眉动作，始于发际线附近的头骨上方，使眉毛扬起，经常用于惊讶或震惊的表情。

2.3.3　颞肌和咬肌控制

移动下颌时运动最明显的肌肉是颞肌和咬肌，两者都能使下颌紧闭并帮助咀嚼或咬紧牙齿。

咬肌始于颧骨并向下包住下颌的底部。颞肌固定在头骨侧面并通过一根肌腱向下穿过颧骨区连接到颌部。它们都是强有力的肌肉，而控制张开下颌的肌肉位于脖子里面，在正常的头部运动和谈话时不易见到。颞肌和咬肌部位如图 2.3.4 所示。

我们认识了一些脸部肌肉以及它们在皮肤下面的位置之后，应能方便地设想它们在说话发音时是怎样起作用的。

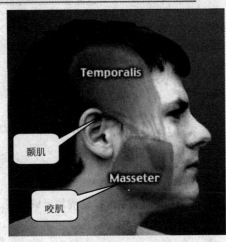

图 2.3.4　颞肌和咬肌部位

本 章 小 结

　　本章我们介绍了人体结构的一些知识，同时也讲解了男、女人体的一些不同之处，这些对于我们创建人体模型会有一定的帮助，但是所介绍的内容都不是一成不变的，可以在制作的时候灵活运用。甚至我们在闲来无事的时候可以随便勾画一些身体比例不正常的角色。你会发现这很有趣，并且一定会从中发现你想要的角色。

第 3 章　生物建模基础工具简介

为了使我们设计出的角色能够真实可信地被制作出来，对软件的学习是必要的。在对软件有了一定的了解之后，创作才能如虎添翼。但笔者在这里需要提醒大家，不要把精力放在对软件操作的深入研究上，因为决定我们作品水平的是艺术修养。

在 3DS MAX R4 版本加入的多边形建模从概念上讲要比 Mesh 建模更深入一层，它提供了比 Mesh 建模更细致的多边形编辑功能。3DS MAX 每个版本的升级都对多边形功能有所加强，直到现在的 3DS MAX 2012 版本。多边形建模在 3DS MAX 2012 中已经相当成熟，可以说我们用它来制作人体简直是小菜一碟。

本章的内容相信对所有学习 3DS MAX 多边形建模的人都会大有用处，但比较枯燥。大家可以先大概地浏览一下本章，然后在实战部分的学习过程中再次复习本章内容，相信一定会事半功倍。

本章知识重点

➤ 掌握多边形建模面板的使用方法。
➤ 掌握多边形建模工具的使用方法和效果。

3.1　多边形面板

对几何体使用了转换为可编辑多边形修改命令后，单击 命令面板，可以看到可编辑多边形命令面板大致分为 6 个部分，如图 3.1.1 所示，依次为选择、软选择、编辑几何体、细分曲面、细分置换、绘制变形。

图 3.1.1　可编辑多边形命令面板

  Tips ●●●

选择不同的子物体级后，可编辑多边形面板都会添加与之相应的编辑卷展栏，在后面的部分将进行讲解。

3.2 选 择

选择卷展栏为用户提供了对几何体各个子物体级的选择功能，位于顶端的 5 个按钮分别对应了几何体的 5 个子物体级，分别为 顶点、 边、 边界、 多边形以及 元素。当按钮显示成黄色则表示该级别被激活，如图 3.2.1 所示，再次单击将退出这个级别。也可以使用键盘上的数字键 1～5 来实现各子物体级之间的切换。

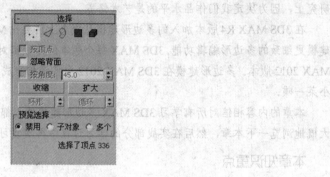

图 3.2.1 选择卷展栏

注 意 Tips ●●●

使用小键盘的数字键无效，不能用来实现各子物体级之间的切换。

各选项的含义如下：

按顶点：该复选框的功能只能在顶点以外的 4 个子物体级中使用。以多边形子物体级为例，勾选此项后，在几何体上单击点所在的位置，那么和这个点相邻的所有面都会被选择，在其他子物体级中的效果也是一样的道理。

忽略背面：这个功能很容易理解，也很实用，就是只选择法线方向对着视图的子物体。这个功能在制作复杂模型时会经常用到。

按角度：只在多边形子物体级下有效，通过面之间的角度来选择相邻的面。在该复选框后面的微调框中输入数值可以控制角度的阈值范围。

收缩和扩大：分别为缩小和扩大选择范围。如图 3.2.2 所示为收缩和扩大的效果比较。

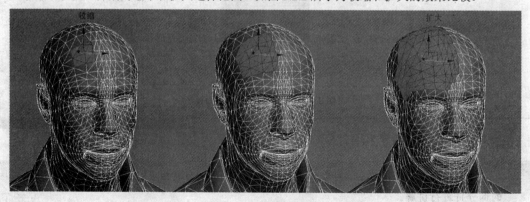

图 3.2.2 收缩和扩大的效果

环形和循环：只在边和边界子物体级下有效。选择了一段边后，单击 环形 按钮可以选择同所选边线平行的边线，单击 循环 按钮可以选择同所选边线纵向相连的边线。如图 3.2.3 所示为环形和循环效果的比较。

图 3.2.3　环形和循环的效果比较

位于选择卷展栏最下面的是当前选择状态的信息，比如提示你当前有多少个点被选择。

另外结合【Ctrl】键和【Ctrl+Shift】组合键可以实现各子物体级之间的切换选择，比较简单，大家可以自己体验一下它的用法，这里就不多讲了。

3.3　软　选　择

软选择功能可以使在对子物体进行移动、旋转、缩放等修改的时候，也同样影响到其周围的子物体，如图 3.3.1 所示为软选择功能的效果。它在制作模型时可以用来修整模型的大致形状，是个比较有用的功能。

软选择卷展栏大致可分为对子物体的软选择和绘制软选择两个部分。激活了"使用软选择"复选框后，此功能被开启，如图 3.3.2 所示。

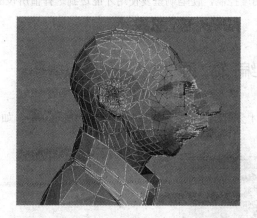

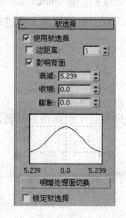

图 3.3.1　软选择效果　　　　　　　　图 3.3.2　激活"使用软选择"复选框

边距离：控制多少距离内的子物体会受到影响。其数值可以在后面的微调框中输入。

影响背面：控制作用力是否影响到物体背面。系统默认其为被勾选状态。

衰减、收缩和膨胀：可以控制衰减范围的形态，参数可以通过输入数值调节，也可以使用微调按钮调节，可以在图形框中看到调节的效果。

锁定软选择：可以对调节好的参数进行锁定。

注　意　Tips ● ● ●

> 用"衰减"设置指定的区域在视口中用图形的方式进行了描述，所采用的图形方式与顶点和/或边（或者用可编辑的多边形和面片，也可以是面）的颜色渐变相类似。渐变的范围为从选择颜色（通常是红色）到未选择的子对象颜色（通常是蓝色）。另外，在更改"衰减"设置时，渐变就会实时地进行更新。

图 3.3.3 角色上的选择为使用绘制软选择的效果，该功能非常实用。单击 绘制 按钮，可以使用该功能在物体上任意进行选取的绘制了，如图 3.3.3 所示。

图 3.3.3　绘制软选择

模糊：可以对选取的衰减进行柔化处理。

复原：删除选区。

选择值：设置画笔的最大重力是多少，默认值是 1.0。

笔刷大小：选择软选择是笔刷的大小。

笔刷力度：类似 Photoshop 里笔刷的透明度控制，使笔刷重复使用才能达到选择值所设的强度。

笔刷选项：对笔刷进一步进行控制。

3.4　编辑顶点

在选择顶点子物体级后编辑顶点卷展栏才会出现，主要提供了针对顶点的编辑功能，如图 3.4.1 所示。

图 3.4.1　"编辑顶点"卷展栏

移除：这个功能不同于使用【Delete】键进行的删除，它可以在移除顶点的同时保留顶点所在的面。如图 3.4.2 所示为使用【Delete】键和 移除 按钮的效果比较。

图 3.4.2　Delete 键和移除按钮效果比较

断开：选择一个顶点，然后单击 断开 按钮，移动顶点可以看到顶点已经被打断了，如图 3.4.3 所示为顶点被断开后的效果。

挤出：有两种操作方式，一种是选择好要挤出的顶点，然后单击 挤出 按钮，再在视图上单击顶点并拖动鼠标，左右拖动可以控制挤出根部的范围，上下拖动可以控制顶点被挤出后的高度。如图 3.4.4 所示为顶点的挤出效果。

图 3.4.3　断开效果　　　　　　　　　　　图 3.4.4　挤出效果

另一种是单击 挤出 按钮后面的 按钮，在弹出的高级设置对话框中来调节，如图 3.4.5 所示。

切角：相当于挤出时只左右移动鼠标将点分解的效果，如图 3.4.6 所示。使用方法和挤出类似。

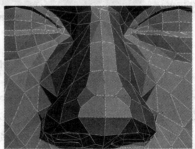

图 3.4.5　挤出对话框　　　　　　　　　　图 3.4.6　切角效果

焊接：可以把多个在规定范围内的顶点合并成一个顶点。单击 焊接 按钮后面的 按钮，可以在高级设置对话框中设定这个范围，效果如图 3.4.7 所示。

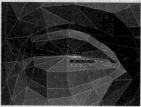

图 3.4.7 焊接效果

目标焊接：单击 目标焊接 按钮，然后在视图上把一个顶点拖动到另一个顶点上就可以合并两个顶点，如图 3.4.8 所示。

图 3.4.8 目标焊接效果

注 意 Tips ● ● ●

两个顶点之间必须有一条边线才能合并。

连接：可以在顶点之间连接边线，前提是顶点之间没有其他边线的阻挡。如图 3.4.9 所示为选择三个顶点单击 连接 按钮，可以在它们之间连接边线。

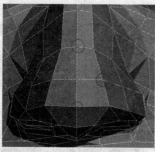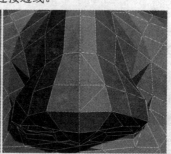

图 3.4.9 连接效果

3.5 编 辑 边

编辑边卷展栏只在边子物体级下出现，可以针对边线进行修改。编辑边卷展栏和编辑顶点卷展栏非常相似，如图 3.5.1 所示，有些功能也比较接近，只是叫法不同而已，大家可以自己体验一下其中一些选项的用法。为了避免重复的"劳动"，接下来只对编辑边卷展栏做选择性的讲解。

图 3.5.1　编辑边卷展栏

插入顶点：可以在边线上任意地添加顶点。

切角：边线也可以使用切角，使用后会使边线分成两条，如图 3.5.2 所示。

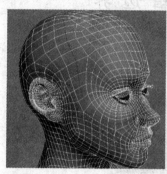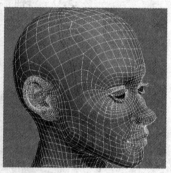

图 3.5.2　切角效果

提　示　Tips ●●●

切角命令在切角实体连同连接边周围创建了新面。或者，可以使用"打开"选项创建打开的（空的）区域。对于顶点、边和边界，可使用助手以数值方式设置切角量并切换至"打开"选项。"分段"设置仅应用于边和边界。

连接：可以在被选择的边线之间生成新的边线，单击　连接　按钮后面的 □ 按钮，可以调节生成边线的数量，如图 3.5.3 所示。

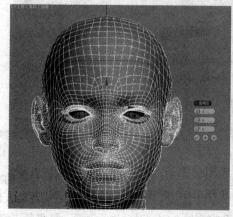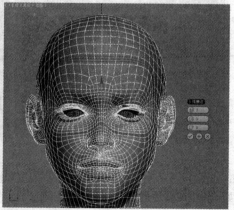

图 3.5.3　连接效果

利用所选内容创建图形：在所选择边线的位置上创建曲线。首先选择要复制分离出去的边线然后单击 利用所选内容创建图形 按钮，在弹出的 创建图形 对话框中为生成的曲线命名，如图 3.5.4 所示，选择曲线类型，然后单击 确定 按钮即可。

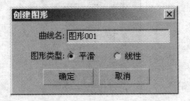

图 3.5.4 "创建图形"对话框

3.6 编 辑 边 界

编辑边界卷展栏中的选项是用来修改边界的，如图 3.6.1 所示。接下来，同样对编辑边界卷展栏中特有的选项进行讲解。

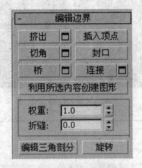

图 3.6.1 "编辑边界"卷展栏

封口：选择边界，然后单击 封口 按钮就可以把边界封闭，非常简便，如图 3.6.2 所示。

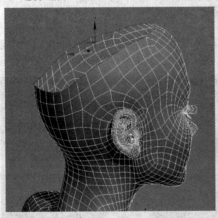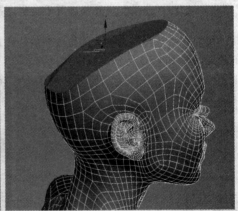

图 3.6.2 封口效果

桥：如图 3.6.3 所示，它不仅可以把两条边界连接起来，还可以单击 ▢ 按钮来进行桥接的高级设置，比如，新生成多边形面的形状和边线数量等。在制作人体的时候我们可以使用它来连接人体的各部分，是个非常强大的新增功能。在下面的实例部分将会结合实例对此进行讲解，这里就不细讲了。

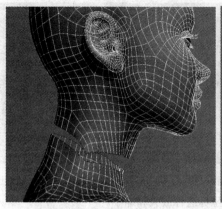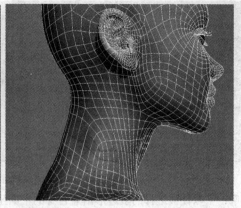

图 3.6.3　桥接效果

3.7　编辑多边形

编辑多边形卷展栏是转换为可编辑多边形修改命令中比较重要的一部分。单击多边形子物体级别，我们就可以看到编辑多边形卷展栏，如图 3.7.1 所示。

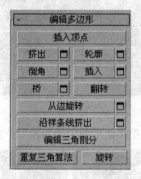

图 3.7.1　编辑多边形卷展栏

插入顶点：不同于前两种插入顶点的方式，使用多边形子物体级别下的插入顶点工具可以在物体的多边形面上任意地添加顶点。单击　　　插入顶点　　　按钮，然后在物体的多边形面上单击就可以添加一个新顶点了。

挤出：有 3 种挤出的模式，单击　挤出　按钮后面的 □ 按钮就可以看到挤出的高级设置对话框，如图 3.7.2 所示。

图 3.7.2　"挤出多边形"对话框

3 种模式的挤出效果如图 3.7.3 所示。

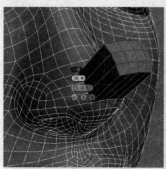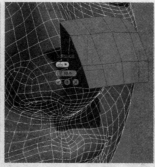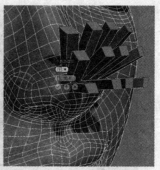

图 3.7.3 挤出效果

轮廓：可以使被选择的多边形沿着自身的平面坐标进行放大和缩小。

倒角：倒角工具是挤出工具和轮廓工具的结合。它对多边形面挤压以后还可以让面沿着自身的平面坐标进行放大和缩小，如图 3.7.4 所示。

图 3.7.4 倒角效果

插入：利用插入工具可以在选择的多边形面中再插入一个没有高度的面，如图 3.7.5 所示。

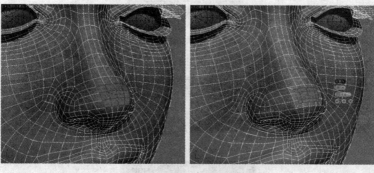

图 3.7.5 插入效果

桥：此处的桥工具与边界子物体级别中的桥作用是相同的，只不过这里选择的是对应的多边形而已。

翻转：翻转工具可以将物体上选择多边形面的法线翻转到相反的方向。

从边旋转：从边旋转能够让多边形面以边线为轴心来完成挤出，往往需要单击■按钮，在弹出的高级设置对话框中对挤出的效果进行设置，如图 3.7.6 所示（线框内的边为拾取的轴心）。同样也可以使用鼠标在视图上操作。

沿着样条线挤出：首先创建一条样条曲线，然后在物体上选择好多边形面，进入高级设置对话框，

单击 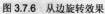 按钮拾取刚创建的样条曲线，这时就可以看到沿着样条线挤出的效果了，如图 3.7.7 所示。

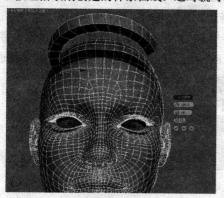

图 3.7.6 从边旋转效果

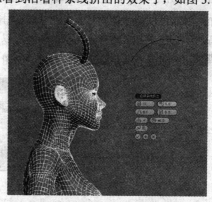

图 3.7.7 沿样条线挤出效果

编辑元素卷展栏中的选项在编辑多边形卷展栏部分全都讲解过了，而且在应用的时候没有太大的差异，在这里就不再阐述了。

3.8 编辑几何体

编辑几何体卷展栏中的选项可以用于整个几何体，不过有些选项得先进入相应子级别才能使用，如图 3.8.1 所示。

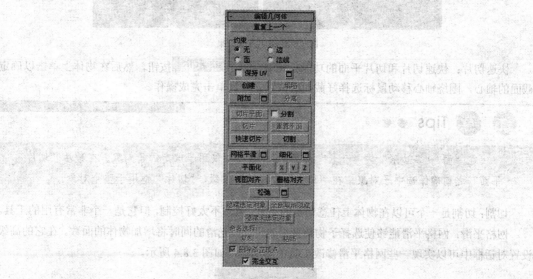

图 3.8.1 编辑几何体卷展栏

重复上一个：使用这个选项可以重复应用最近一次的操作。

约束：在默认状态下是没有约束的，这时子物体可以在三维空间中不受任何约束地进行自由变换。约束有三项，分别为边、面和法线。

保持 UV：在 3DS MAX 默认的设置下，修改物体的子物体时，贴图坐标也会同时被修改。激活 ☑ 保持 UV 复选框后，当我们再对子物体进行修改时，贴图坐标将保留它原来的属性不被修改。

创建：可以创建顶点、边线和多边形面。

塌陷：塌陷用于将多个顶点、边线和多边形面合并成一个，塌陷的位置是原选择子物体级的中心。

附加：附加可以把其他物体合并进来。单击旁边的 □ 按钮可以在列表中选择合并物体。

分离：有了合并自然就有分离了，分离可以作用于所有子物体级。选择需要分离的子物体后，单击 分离 按钮就会弹出 分离 对话框，如图 3.8.2 所示，在这里可以对要分离的子物体进行设置。

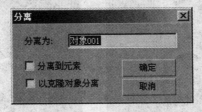

图 3.8.2　"分离"对话框

切片平面：这个选项能像用截面将物体分开一样将面分割。单击 切片平面 按钮，在调整好截面的位置后单击 Slice 按钮完成分割，如图 3.8.3 所示。单击 重置平面 按钮可以将截面复原。

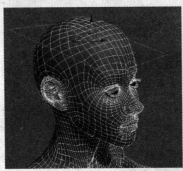

图 3.8.3　切片平面效果

快速切片：快速切片和切片平面的功能很相似，单击 快速切片 按钮，然后在物体上单击以确定截面的轴心，围绕轴心移动鼠标选择好截面的位置，再次单击完成操作。

 注　意　Tips ●●●

在"面""多边形"或"元素"层级上，"切片"仅用于选定的子对象。在激活"切片平面"之前确保选中子对象。在"顶点"或"边"层级，"切片"适用于整个对象。

切割：切割是一个可以在物体上任意切割的工具，虽然不太好控制，但它是一个非常有用的工具。

网格平滑：网格平滑能够使选择子物体变得光滑，但光滑的同时将增加物体的面数。在它的高级设置对话框中可以实现一些网格平滑修改工具中的功能，如图 3.8.4 所示。

图 3.8.4　"网格平滑"对话框

细化：细化能在所选子物体上均匀地细分，细分的同时不改变所选物体的形状。

平面化：平面化可以将选择的子物体变换在同一平面上。后面三个按钮的作用是分别把选择的子物体变换到垂直于 X、Y 和 Z 轴向的平面上。

　　视图对齐和栅格对齐：这两个选项分别为把选择的子物体和当前视图对齐，以及把选择的子物体对齐到视图中的网格。

　　松弛：可以使被选择的子物体相互位置更加均匀。

　　隐藏选定对象、全部取消隐藏和隐藏未选定对象：这是三个控制子物体显示的选项。

　　复制和粘贴：它们是在不同的对象之间复制或粘贴子物体的命名选择集。

3.9　顶 点 属 性

　　顶点属性卷展栏实现的功能主要分为两个部分，一部分是顶点着色的功能，另一部分是通过顶点颜色选择顶点的功能，如图 3.9.1 所示。

图 3.9.1　顶点属性卷展栏

　　选择一个顶点，单击颜色旁边的色块就可以对其颜色进行设置了；调节照明能够控制顶点的发光色。

　　在下面的区域中，可以通过输入顶点的颜色或发光色来选中点。在范围列中可以输入范围值，然后单击 按钮确认选择。

 意 Tips ● ● ●

　　　　顶点颜色需要在视图上单击鼠标右键，然后选择对象属性选项，勾选顶点通道显示才能看到。

3.10　多边形：材质 ID

　　多边形：材质 ID 卷展栏如图 3.10.1 所示。在卷展栏的下方还有编辑点颜色的区域，前面刚讲过，这里就不再重申了。

　　首先看一下多边形面 ID 的指定。选择要指定 ID 的面，然后在设置 ID 微调框中输入 ID 号，再按一下回车键即可。既然面有了 ID 号，那么就能通过 ID 号来选中相应的面了。在选择 ID 右侧的微调框中输入要选面的 ID，然后单击 选择 ID 按钮，对应这个 ID 号的所有面都会被选中。如果当前的多边形已经被赋予了多维子物体材质，那么在下面的列表框中就会显示出子材质的名称，通过选择子材质的名称就可以选中相应的面了。后面的清除选定内容复选框如果处于勾选状态，则新选择的多边形会将原来的选择替换掉；如果处于未勾选状态，那么新选择的部分会累加到原来的选择上。

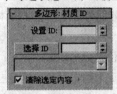

图 3.10.1　多边形：材质 ID 卷展栏

3.11　多边形：平滑组

我们可以在选择多边形面后单击下面的一个数值按钮来为其指定一个平滑组，如图 3.11.1 所示。

按平滑组选择：单击 按平滑组选择 按钮，在弹出的对话框中单击列出的平滑组就可以选中相应的面了，如图 3.11.2 所示。

图 3.11.1　多边形：平滑组卷展栏

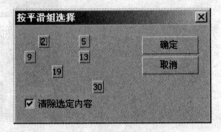

图 3.11.2　"按平滑组选择"对话框

清除全部：可以从选择的多边形面中删除所有的平滑组。

自动平滑：可以基于面之间所成的角度来设置平滑组。如果两个相邻的面所成的角度小于右侧微调框中的数值，那么这两个面会被指定同一平滑组。

3.12　细　分　曲　面

细分曲面卷展栏（见图 3.12.1）的添加是多边形建模成熟的一个象征，它使我们只使用转换为可编辑多边形就可以完成多边形建模的全部过程。

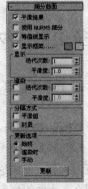

图 3.12.1　细分曲面卷展栏

激活 复选框，可以开启细分曲面功能。平滑结果复选框为是否对平滑后的物体使用同一个平滑组，等值线显示复选框可以控制平滑后的物体是否显示细分后的网格。

显示和渲染两个选项组，分别控制了物体在视图中的显示和渲染时的平滑效果。

 Tips ●●●

　　增加迭代次数时要格外谨慎。对每个迭代次数而言，对象中的顶点和多边形数（和计算时间）可以增加为原来的 4 倍。对平均适度的复杂对象应用四次迭代会花费很长时间来进行计算。若要停止计算并恢复为上一次的迭代次数设置，请按 **Esc** 键。

3.13　细分置换

细分置换卷展栏（见图 3.13.1）的功能是可以控制置换贴图在多边形上生成面的情况。

图 3.13.1　细分置换卷展栏

激活细分置换复选框，开启细分置换卷展栏中的功能。

激活分割网格复选框后，多边形在置换之前会分离成为独立的多边形，这有利于保存纹理贴图；不激活的话，多边形不分离并使用内部方法来指定纹理贴图。

在细分预设选项组中有三种预设按钮，我们可以根据多边形的复杂程度选择适合的细分预设。其下方的组是详细的细分方法。

  Tips ●●●

　　由于存在着建筑方面的局限性，该参数需要采用置换贴图的使用方法。启用"分割网格"通常是一种较为理想的方法。但是，使用该选项时，可能会使面完全独立的对象（如长方体，甚至球体）产生问题。长方体的边向外发生置换时，可能会分离，使其间产生间距。如果没有禁用"分割网格"，球体可能会沿着纵向边（可以在"顶"视图中创建的球体后部找到）分割。但是，禁用"分割网格"时，纹理贴图将会工作异常。因此，可能需要添加"位移网格"修改器，然后制作该多边形的快照，最后应用"UVW 贴图"修改器，再向位移快照多边形重新分配贴图坐标。

3.14 绘 制 变 形

绘制变形卷展栏如图 3.14.1 所示，它可以通过使用鼠标在物体上绘画来修改模型（见图 3.14.2）。在 3DS MAX 以前的版本中有个和绘制变形功能类似的插件，叫做画笔建模，但在使用时需要在物体堆栈添加，有些不方便。

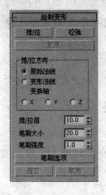

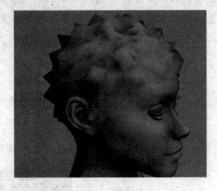

图 3.14.1 绘制变形卷展栏   图 3.14.2 绘制变形效果

推/拉：单击该按钮就可以在物体上绘制了，非常简便直观。

松弛：可以对尖锐的表面进行圆滑处理。

复原：让被修改过的面恢复原状。

原始法线：推拉的方向总是沿着子物体的原始法线方向移动，不管面的方向如何改变。

变形法线：与原始法线相反，推拉的方向会随着子物体法线的变化而变化。

变换轴：可以设定推拉的方向，有 X，Y，Z 轴可以选择。

下面的 3 个数值是用来调节变形画笔的推拉效果的，和绘制软选择面板中的相应功能几乎一样。

推/拉值：决定一次推拉的距离，正值为向外拉出，负值为向内推进。

笔刷大小：用来调节笔刷的大小。

笔刷强度：用来控制笔刷的强度。

在最下面的两个按钮，　提交　可以将画笔的修改记录清除，以节省内存空间；　取消　可以清除画笔的全部修改。

本 章 小 结

到这里转换为可编辑多边形的所有功能就向大家介绍完了，马上就要进入实例部分，相信大家已经开始摩拳擦掌了。不过在这里还是要再提醒一下，无论我们使用什么软件，用什么方法建模，基本功永远都是最重要的，千万不要把注意力放在对软件的研究上，有时间要多做一些绘画练习。

案例篇

第4章 女性人体建模

人体模型的制作方法很多，本书中主要介绍了几何体建模法和二维曲线建模法。在本章中我们使用的是二维曲线建模法。在制作模型前，首先要掌握女性人体的身体比例和骨骼特点，这样才有利于我们制作出标准的女性人体模型。

本章知识重点

➤ 掌握女性人体的身体比例和骨骼特点。

➤ 学习使用二维样条线制作三维模型。

➤ 掌握使用复制边来制作人体模型的方法。

➤ 掌握切角、目标焊接、连接、切割、挤出等多边形建模工具的使用方法。

➤ 掌握对称修改器和 UVW 展开修改器的使用方法。

在本章中介绍女性人体模型的制作，最终渲染效果如图 4.0.1 所示。

图 4.0.1 渲染效果

创建人物模型前的准备工作：

（1）模型创建所需参考素材的准备。包括人物的左、右视图以及细节图片等。

（2）设置操作界面的单位。在 3DS MAX 2012 操作界面中，首先把系统单位和显示单位设为毫米。在菜单栏中选择 自定义(U) → 单位设置(U)... 选项，在弹出的 ⑤单位设置 对话框中单击 系统单位设置 按钮，在弹出的 ⑤系统单位设置 对话框中设置参数如图 4.0.2 所示。

图 4.0.2 "系统单位设置"对话框

4.1 头部模型制作

本节介绍女性人体头部模型的制作。

4.1.1 眼睛模型制作

首先来制作眼睛模型。眼睛模型的制作重点是通过对边界的拖动复制和缩放复制来完成的，其次是对顶点的调节。

（1）在菜单栏中选择 视图(V) → 视口背景 → 视口背景(B)... 选项，在弹出的 视口背景 对话框中单击 文件... 按钮，添加视口背景，如图 4.1.1 和 4.1.2 所示。

图 4.1.1 "视口背景"对话框

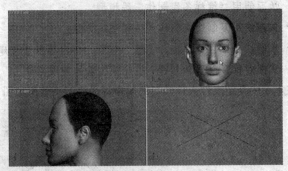

图 4.1.2 视图效果

（2）切换到前视图中，在 创建命令面板的 区域，选择 样条线 类型，单击 线 按钮，在眼睛部位创建出如图 4.1.3 所示的闭合边。

（3）将闭合边移动到如图 4.1.4 所示的位置，同时调节边上的顶点到如图 4.1.5 所示的位置，这样眼睛的线条轮廓就制作出来了。

图 4.1.3 创建闭合曲线

图 4.1.4 移动曲线位置

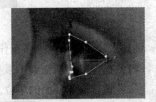

图 4.1.5 调节顶点

（4）单击鼠标右键，在弹出的快捷菜单中选择 转换为可编辑多边形 选项，将边转换成可编辑多边形。选择如图 4.1.6 所示的边界，按住 Shift 键向外缩放，复制出如图 4.1.7 所示的面片，并调节面片上的顶点到如图 4.1.8 所示的位置。

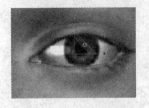

图 4.1.6 选择边界

图 4.1.7 复制效果

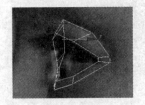

图 4.1.8 调节顶点

（5）选择如图 4.1.9 所示的面，按 Delete 键删除，同时调节面片上的顶点到如图 4.1.10 所示的位置。

（6）选择如图 4.1.11 所示的边界，按住 Shift 键向外缩放，复制出如图 4.1.12 所示的面片，调节面片上的顶点到如图 4.1.13 所示的位置。

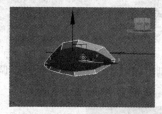

图 4.1.9　选择面

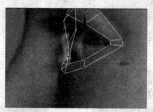

图 4.1.10　调节顶点

图 4.1.11　选择边界

图 4.1.12　复制面片

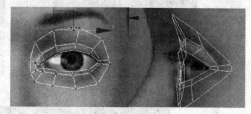

图 4.1.13　调节顶点

（7）选择如图 4.1.14 所示的边界，按住 Shift 键向外缩放，复制出如图 4.1.15 所示的面片，调节面片上的顶点到如图 4.1.16 所示的位置。

（8）选择如图 4.1.17 所示的边，单击 切角 后面的小按钮，在弹出的 切角 对话框中设置参数如图 4.1.18 所示，切角效果如图 4.1.19 所示，同时焊接边上的点，效果如图 4.1.20 所示。

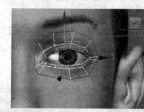

图 4.1.14　选择边界

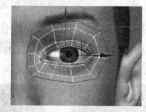

图 4.1.15　复制面片

图 4.1.16　调节顶点

图 4.1.17　选择边

图 4.1.18　设置切角参数

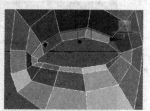

图 4.1.19　切角效果

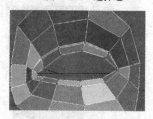

图 4.1.20　焊接顶点

Tips ● ● ●

切角在切角实体连同连接边周围创建了新面。或者可以使用"打开"选项，创建打开的（空的）区域。对于顶点、边和边界，可使用助手以数值方式设置切角量并切换"打开"选项。"分段"设置仅应用于边和边界。

（9）选择如图 4.1.21 所示的边界，按住 Shift 键向内缩放，复制出如图 4.1.22 所示的面片，调节面片上的顶点到如图 4.1.23 所示的位置。

图 4.1.21　选择边界　　　　　　　　　图 4.1.22　复制效果

图 4.1.23　调节顶点

（10）选择如图 4.1.24 所示的边界，按住 Shift 键向内拖动，复制出如图 4.1.25 所示的面片。

（11）接下来创建眼球模型。单击 球体 按钮，在视图中创建一球体模型，并移动到如图 4.1.26 所示的位置。

图 4.1.24　选择边界　　　　图 4.1.25　复制效果　　　　图 4.1.26　创建球体

（12）选择创建好的模型，单击 按钮，在弹出的 镜像：世界 坐标 对话框中选中 实例 复选框，如图 4.1.27 所示，镜像效果如图 4.1.28 所示。

 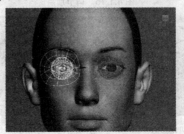

图 4.1.27　设置镜像参数　　　　　　图 4.1.28　镜像效果

4.1.2 鼻子模型制作

下面来制作鼻子模型。

（1）单击 长方体 按钮，在视图中创建一长方体模型，并将其转换成可编辑多边形，如图 4.1.29 所示。

（2）选择如图 4.1.30 所示的顶点，按 Delele 键删除，如图 4.1.31 所示。选择如图 4.1.32 所示的面，按 Delete 键删除，并调节模型上的顶点到图 4.1.33 所示的位置。

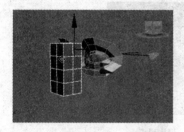
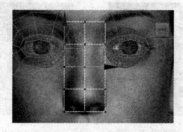
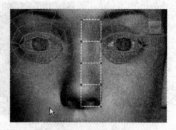

图 4.1.29 创建长方体　　　　图 4.1.30 选择顶点　　　　图 4.1.31 删除顶点

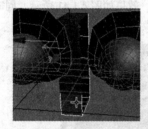
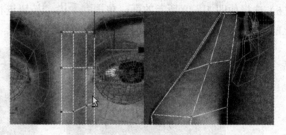

图 4.1.32 选择面　　　　　　　　图 4.1.33 调节顶点

  Tips ● ● ●

要删除顶点，请选中它们，然后按下 Delete 键，这会在网格中创建一个或多个洞。要删除顶点而不创建孔洞，请使用"移除"命令。

（3）选择如图 4.1.34 所示的顶点，按 Delete 键删除，并调节模型上的点到如图 4.1.35 所示的位置。

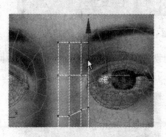
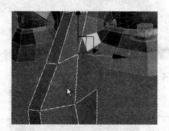

图 4.1.34 选择顶点　　　　　　图 4.1.35 调节顶点

（4）选择如图 4.1.36 所示的边，按住 Shift 键向上拖动，复制出如图 4.1.37 所示的面，并焊接分离的顶点，同时调节模型上的顶点到如图 4.1.38 所示的位置。单击 目标焊接 按钮焊接相应的点，效果如图 4.1.39 所示。

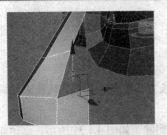

图 4.1.36　选择边

图 4.1.37　复制效果

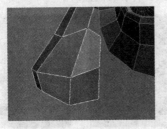

图 4.1.38　调节顶点

图 4.1.39　焊接顶点

（5）选择如图 4.1.40 所示的面，单击 挤出 按钮进行挤出，效果如图 4.1.41 所示。同时调节模型上的顶点到如图 4.1.42 所示的位置。

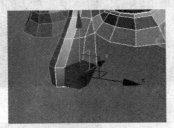

图 4.1.40　选择面

图 4.1.41　挤出效果

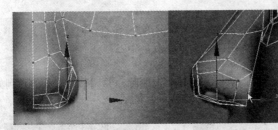

图 4.1.42　调节顶点

（6）单击 切割 按钮，在模型上进行线条的切割，效果如图 4.1.43 所示。同时调节模型上的顶点到如图 4.1.44 所示的位置。

图 4.1.43　切割效果

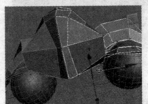

图 4.1.44　调节顶点

（7）选择如图 4.1.45 所示的面，按 Delete 键删除，然后单击 切割 按钮，在模型上进行线条的切割，效果如图 4.1.46 所示。同时调节模型上的顶点到如图 4.1.47 所示的位置。

图 4.1.45　选择面

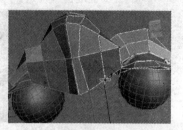

图 4.1.46　切割效果

图 4.1.47　调节顶点

（8）下面来制作鼻孔部分。选择如图 4.1.48 所示的面，单击 倒角 □ 后面的小按钮，在弹出的 倒角 对话框中设置参数如图 4.1.49 所示，效果如图 4.1.50 所示，并调节模型上的点到如图 4.1.51 所示的位置。

图 4.1.48　选择面

图 4.1.49　设置倒角参数

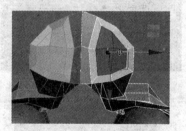

图 4.1.50　倒角效果

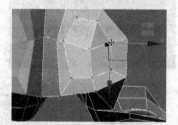

图 4.1.51　调节顶点

 Tips ● ● ●

通过直接在视口中操纵执行手动倒角操作。单击此按钮，然后垂直拖动任何多边形，以便将其挤出。释放鼠标按钮，然后垂直移动鼠标光标，以便设置挤出轮廓，单击以完成。

（9）选择如图 4.1.52 所示的面，单击 倒角 后面的小按钮，在弹出的 倒角 对话框中设置参数如图 4.1.53 所示，效果如图 4.1.54 所示，并调节模型上的点到如图 4.1.55 所示的位置。

图 4.1.52　选择面　　　　　　　　图 4.1.53　设置倒角参数

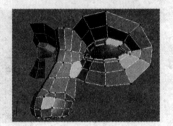

图 4.1.54　倒角效果　　　　　　　　图 4.1.55　调节顶点

4.1.3　嘴巴模型制作

下面来制作嘴巴模型。

（1）单击 线 按钮，在视图中创建一条闭合边，如图 4.1.56 所示，并将其转换为可编辑多边形。

（2）选择如图 4.1.57 所示的边，按住 Shift 键向外缩放，复制出如图 4.1.58 所示的面，并调节模型上的顶点到如图 4.1.59 所示的位置。

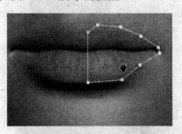

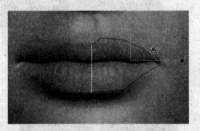

图 4.1.56　创建闭合曲线　　　　　　图 4.1.57　选择边

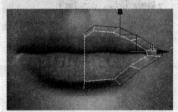

图 4.1.58　复制效果　　　　　　　　图 4.1.59　调节顶点

（3）选择如图 4.1.60 所示的面，按 Delete 键删除，如图 4.1.61 所示。同时，调节模型上的点到如图 4.1.62 所示的位置。

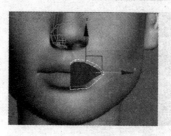
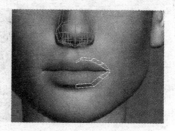

图 4.1.60　选择面　　　　　　　图 4.1.61　删除面

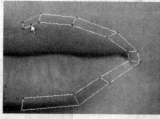
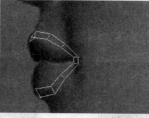

图 4.1.62　调节顶点

（4）选择如图 4.1.63 所示的边线，按住 Shift 键向内缩放，复制出如图 4.1.64 所示的面，并调节模型上的顶点到如图 4.1.65 所示的位置。

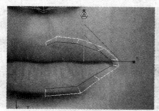
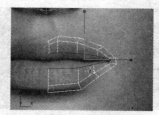

图 4.1.63　选择边　　　　　　　图 4.1.64　复制效果

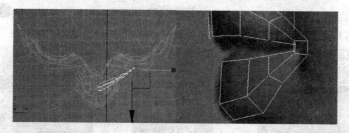

图 4.1.65　调节顶点

（5）选择如图 4.1.66 所示的边，按住 Shift 键向内拖动，复制出如图 4.1.67 所示的面，并调节模型上的顶点到如图 4.1.68 所示的位置。

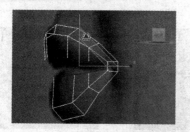
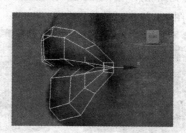

图 4.1.66　选择边　　　　　　　图 4.1.67　复制效果

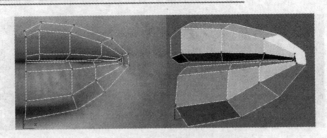

图 4.1.68　调节顶点

（6）选择如图 4.1.69 所示的边，单击 切角 █ 后面的小按钮，在弹出的 ‖切角 对话框中设置参数如图 4.1.70 所示，倒角效果如图 4.1.71 所示，并调节模型上的顶点到如图 4.1.72 所示的位置。

（7）单击 附加 按钮，合并鼻子和嘴巴模型，并调节模型上的点到如图 4.1.73 所示的位置。

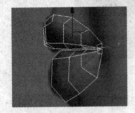

图 4.1.69　选择边　　　　图 4.1.70　设置切角参数　　　　图 4.1.71　切角效果

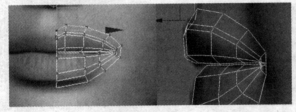

图 4.1.72　调节顶点　　　　　　　　　图 4.1.73　调节顶点

（8）选择如图 4.1.74 所示的边，单击 连接 █ 后面的小按钮，在弹出的 ‖连接边 对话框中设置参数如图 4.1.75 所示，加线效果如图 4.1.76 所示。

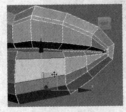

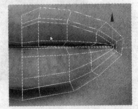

图 4.1.74　选择边　　　　图 4.1.75　设置连接边参数　　　　图 4.1.76　连接边效果

（9）选择如图 4.1.77 所示的边，按住 Shift 键向外缩放，复制出如图 4.1.78 所示的面，并调节模型上的点到如图 4.1.79 所示的位置。

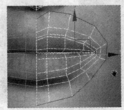

图 4.1.77　选择边　　　　图 4.1.78　复制效果　　　　图 4.1.79　调节顶点

（10）选择如图 4.1.80 所示的边，按住 Shift 键向外拖动，复制出如图 4.1.81 所示的面，单击 按钮，在模型上切割边，单击 按钮焊接对应的点，效果如图 4.1.82 所示。同时，调节模型上的点到如图 4.1.83 所示的位置。

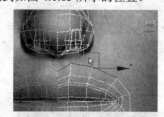

图 4.1.80 选择边

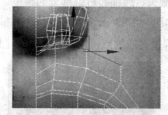

图 4.1.81 复制效果

图 4.1.82 焊接顶点

图 4.1.83 调节顶点

提 示 Tips ●●●

3DS MAX 的功能便于旋转边，其"切割"功能可以大大简化自定义建模流程。特别是如果将新多边形切割成现有的几何体，将会最大程度地减少额外可视边的数目，通常不会添加或添加一条边时，更是如此。使用"切割"功能之后，使用"旋转"功能并单击，可以调整任何一条对角线。

（11）选择如图 4.1.84 所示的边，按住 Shift 键向外拖动，复制出如图 4.1.85 所示的面，单击 目标焊接 按钮焊接对应的点，效果如图 4.1.86 所示。同时，调节模型上的点到如图 4.1.87 所示的位置。

图 4.1.84 选择边

图 4.1.85 复制效果

图 4.1.86 焊接顶点

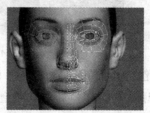

图 4.1.87 调节顶点

4.1.4　额头、脸部及后脑模型制作

下面来制作额头、脸部和后脑部分的模型。

（1）选择如图 4.1.88 所示的边，按住 Shift 键向外缩放，复制出如图 4.1.89 所示的面，单击 **目标焊接** 按钮焊接对应的点，同时调节模型上的顶点到如图 4.1.90 所示的位置。

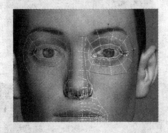
图 4.1.88　选择边

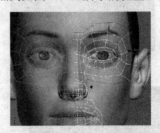
图 4.1.89　复制效果

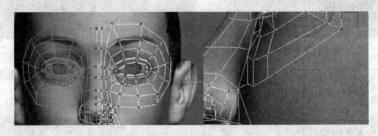
图 4.1.90　调节顶点

（2）选择如图 4.1.91 所示的边，按住 Shift 键向外缩放，复制出如图 4.1.92 所示的面，单击 **目标焊接** 按钮焊接对应的点，同时调节模型上的顶点到如图 4.1.93 所示的位置。

图 4.1.91　选择边

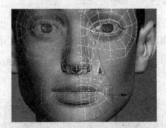
图 4.1.92　复制效果

图 4.1.93　调节顶点

（3）选择如图 4.1.94 所示的边，按住 Shift 键向外拖动，复制出如图 4.1.95 所示的面，单击 **目标焊接** 按钮焊接对应的点，同时调节模型上的顶点到如图 4.1.96 所示的位置。

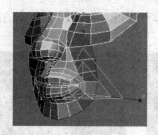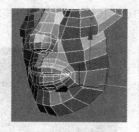

图 4.1.94　选择边　　　　　　图 4.1.95　复制效果　　　　　　图 4.1.96　调节顶点

（4）选择如图 4.1.97 所示的边，按住 Shift 键向外拖动，复制出如图 4.1.98 所示的面，单击 目标焊接 按钮焊接对应的点，同时调节模型上的顶点到如图 4.1.99 所示的位置。

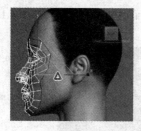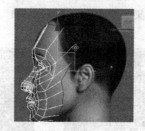

图 4.1.97　选择边　　　　　　图 4.1.98　复制效果　　　　　　图 4.1.99　调节顶点

（5）选择如图 4.1.100 所示的边，按住 Shift 键向外拖动，复制出如图 4.1.101 所示的面，调节模型上的顶点到如图 4.1.102 所示的位置。

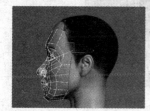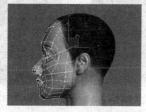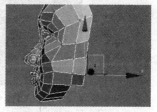

图 4.1.100　选择边　　　　　　图 4.1.101　复制效果　　　　　　图 4.1.102　调节顶点

（6）选择如图 4.1.103 所示的边，按住 Shift 键向外拖动，复制出如图 4.1.104 所示的面，调节模型上的顶点到如图 4.1.105 所示的位置。

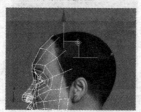

图 4.1.103　选择边　　　　　　　　图 4.1.104　复制效果

图 4.1.105　调节顶点

（7）选择如图 4.1.106 所示的边，按住 Shift 键向外拖动，复制出如图 4.1.107 所示的面，单击按钮焊接对应的边，效果如图 4.1.108 所示。

图 4.1.106　选择边　　　　　　图 4.1.107　复制效果　　　　　　图 4.1.108　焊接边

（8）选择如图 4.1.109 所示的边，按住 Shift 键向外拖动，复制出如图 4.1.110 所示的面，单击 目标焊接 按钮焊接对应的边，效果如图 4.1.111 所示。同时，调节模型上的顶点到如图 4.1.112 所示的位置。

图 4.1.109　选择边　　　　　　　　图 4.1.110　复制效果

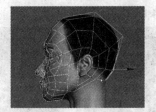

图 4.1.111　焊接边　　　　　　　　图 4.1.112　调节顶点

（9）选择如图 4.1.113 所示的边，按住 Shift 键向下拖动，复制出如图 4.1.114 所示的面。同时，调节模型上的顶点到如图 4.1.115 所示的位置。

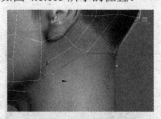
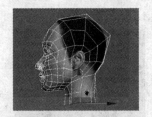

图 4.1.113　选择边　　　　　　　　图 4.1.114　复制效果

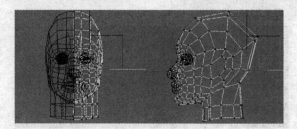

图 4.1.115　调节顶点

4.1.5　耳朵模型制作

接下来制作耳朵模型。

（1）首先将耳朵的参考图按照上述的方法导入 3DS MAX 作为背景，如图 4.1.116 所示。

（2）单击 平面 按钮，在视图中创建一个面片模型，将其转换成可编辑多边形，并调节模型上的顶点到如图 4.1.117 所示的位置。

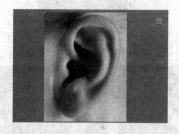

图 4.1.116　导入背景

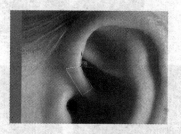

图 4.1.117　创建面片

（3）选择如图 4.1.118 所示的边，按住 Shift 键向外拖动，复制出如图 4.1.119 所示的面，同时调节模型上的顶点到如图 4.1.120 所示的位置。

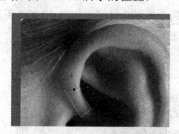

图 4.1.118　选择边

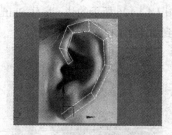

图 4.1.119　复制效果

图 4.1.120　调节顶点

（4）选择如图 4.1.121 所示的面，单击 挤出 □ 后面的小按钮，在弹出的 挤出多边形 对话框中设置参数如图 4.1.122 所示，挤出效果如图 4.1.123 所示。同时调节模型上的顶点到如图 4.1.124 所示的位置。

  Tips ● ● ●

　　直接在视口中操纵时，可以执行手动挤出操作。单击此按钮，然后垂直拖动任何多边形，以便将其挤出。挤出多边形时，这些多边形将会沿着法线方向移动，然后创建形成挤出边的新多边形，从而将选择与对象相连。

（5）单击 平面 按钮，在视图中创建一个面片模型，将其转换成可编辑多边形，如图 4.1.125 所示。

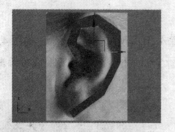

图 4.1.121　选择面　　　　　　　　图 4.1.122　设置挤出参数

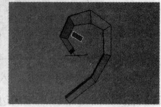

图 4.1.123　挤出效果　　　　图 4.1.124　调节顶点　　　　图 4.1.125　创建面片

（6）选择如图 4.1.126 所示的边，按住 Shift 键向外拖动，复制出如图 4.1.127 所示的面，同时调节模型上的顶点到如图 4.1.128 所示的位置。

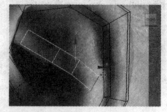

图 4.1.126　选择边　　　　　　　　图 4.1.127　复制效果

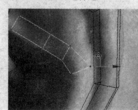

图 4.1.128　调节顶点

（7）选择如图 4.1.129 所示的边，按住 Shift 键向外拖动，复制出如图 4.1.130 所示的面，同时调节模型上的顶点到如图 4.1.131 所示的位置。

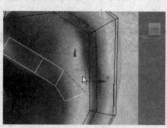

图 4.1.129　选择边　　　　　　　　图 4.1.130　复制效果

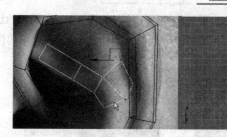

图 4.1.131　调节顶点

（8）选择如图 4.1.132 所示的边，按住 Shift 键向外拖动，复制出如图 4.1.133 所示的面，单击
目标焊接 按钮焊接对应的边，效果如图 4.1.134 所示。

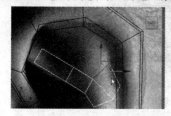

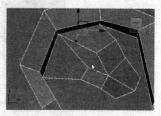

图 4.1.132　选择边　　　　　　　图 4.1.133　复制效果　　　　　　图 4.1.134　焊接边

（9）选择如图 4.1.135 所示的边，按住 Shift 键向外拖动，复制出如图 4.1.136 所示的面，单击
目标焊接 按钮焊接对应的顶点并调节到如图 4.1.137 所示的位置。

图 4.1.135　选择边　　　　　　　图 4.1.136　复制效果　　　　　　图 4.1.137　焊接顶点

（10）选择如图 4.1.138 所示的面，单击 挤出 □ 后面的小按钮，在弹出的 挤出多边形 对话框
中设置参数如图 4.1.139 所示，挤出效果如图 4.1.140 所示。同时焊接模型上对应的顶点，效果如图
4.1.141 所示。

图 4.1.138　选择面　　　　　　　图 4.1.139　设置挤出参数

图 4.1.140　挤出效果　　　　　　图 4.1.141　焊接顶点

（11）调节模型上的顶点到如图 4.1.142 所示的位置。选择如图 4.1.143 所示的边，按住 Shift 键向外拖动，复制出如图 4.1.144 所示的面，并调节模型上的点到如图 4.1.145 所示的位置。

图 4.1.142 调节顶点

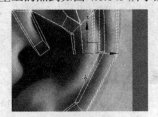
图 4.1.143 选择边

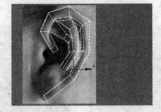
图 4.1.144 复制效果

图 4.1.145 调节顶点

（12）选择如图 4.1.146 所示的边，按住 Shift 键向外拖动，复制出如图 4.1.147 所示的面，单击 目标焊接 按钮焊接对应的顶点，并调节模型上的顶点到如图 4.1.148 所示的位置。

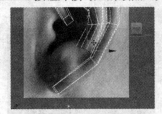
图 4.1.146 选择边

图 4.1.147 复制效果

图 4.1.148 调节顶点

（13）选择如图 4.1.149 所示的边，按住 Shift 键向外拖动，复制出如图 4.1.150 所示的面，单击 目标焊接 按钮焊接对应的边，效果如图 4.1.151 所示。

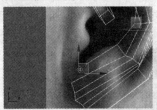
图 4.1.149 选择边

图 4.1.150 复制效果

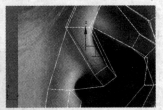
图 4.1.151 焊接边

（14）选择如图 4.1.152 所示的面，单击 挤出 后面的小按钮，在弹出的 挤出多边形 对话框中设置参数如图 4.1.153 所示，挤出效果如图 4.1.154 所示。

图 4.1.152 选择面

图 4.1.153 设置挤出参数

图 4.1.154 挤出效果

（15）选择如图 4.1.155 所示的边，单击 连接 按钮添加细分曲线，效果如图 4.1.156 所示。

图 4.1.155 选择边　　　　　　　　　图 4.1.156 连接边效果

（16）选择如图 4.1.157 所示的边，按住 Shift 键向外拖动，复制出如图 4.1.158 示的面，单击 目标焊接 按钮焊接对应的边，效果如图 4.1.159 所示。

图 4.1.157 选择边　　　　　　图 4.1.158 复制效果　　　　　　图 4.1.159 焊接边

（17）调节模型上的点到如图 4.1.160 所示的位置。选择如图 4.1.161 所示的边界，按住 Shift 键向内拖动，复制出如图 4.1.162 所示的面，单击 封口 按钮对边界进行封口。

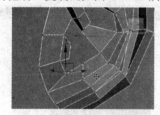

图 4.1.160 调节顶点　　　　　　图 4.1.161 选择边界　　　　　　图 4.1.162 封口效果

（18）选择如图 4.1.163 所示的边，按住 Shift 键向外拖动，复制出如图 4.1.164 所示的面；选择如图 4.1.165 所示的边，按住 Shift 键向外拖动，复制出如图 4.1.166 所示的面。

图 4.1.163 选择边　　　　　　　　图 4.1.164 复制效果

图 4.1.165 选择边　　　　　　　　图 4.1.166 复制效果

（19）单击 目标焊接 按钮焊接对应的点，效果如图 4.1.167 所示。单击 切割 按钮，在模型上切割边，如图 4.1.168 所示。

图 4.1.167　焊接顶　　　　　　　　　图 4.1.168　切割效果

（20）调节模型上的点到如图 4.1.169 所示的位置。选择如图 4.1.170 所示的边界，按住 Shift 键向内拖动，复制出如图 4.1.171 所示的面；单击 目标焊接 按钮焊接对应的顶点，并调节模型上的顶点到如图 4.1.172 所示的位置。

图 4.1.169　调节顶点　　图 4.1.170　选择边界　　图 4.1.171　复制效果　　图 4.1.172　调节顶点

（21）接下来合并头部和耳朵模型。在 3DS MAX 中打开头部模型，将耳朵模型导入头部模型场景中，如图 4.1.173 所示。单击 附加 按钮，合并头部和耳朵模型，如图 4.1.174 所示。单击 目标焊接 按钮焊接对应的点，效果如图 4.1.175 所示。

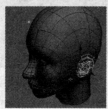  

图 4.1.173　导入模型　　　　图 4.1.174　附加模型　　　　图 4.1.175　焊接顶点

4.2　身体模型制作

在本节中来制作身体模型。

（1）选择如图 4.2.1 所示的边，按住 Shift 键向下拖动，复制出如图 4.2.2 所示的面。

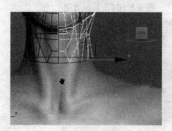 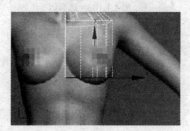

图 4.2.1　选择边　　　　　　　图 4.2.2　复制效果

（2）选择如图 4.2.3 所示的边，单击 连接 按钮，在模型上添加细分曲线，效果如图 4.2.4 所示。

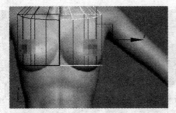
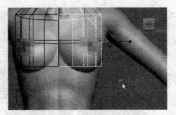

图 4.2.3 选择边   图 4.2.4 连接效果

（3）选择如图 4.2.5 所示的边，按住 Shift 键向下拖动，复制出如图 4.2.6 所示的面。

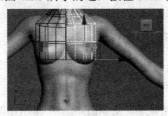

图 4.2.5 选择边   图 4.2.6 复制效果

（4）选择如图 4.2.7 所示的边，单击 连接 按钮，在模型上添加细分曲线，如图 4.2.8 所示；选择如图 4.2.9 所示的边，单击 连接 按钮，在模型上添加细分曲线，如图 4.2.10 所示。

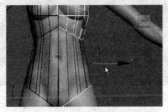
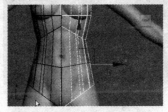

图 4.2.7 选择边   图 4.2.8 连接边效果

图 4.2.9 选择边   图 4.2.10 连接边效果

（5）选择如图 4.2.11 所示的边，单击 连接 □ 后面的小按钮，在弹出的 连接边 对话框中设置参数如图 4.2.12 所示，效果如图 4.2.13 所示。

图 4.2.11 选择边   图 4.2.12 设置连接边参数   图 4.2.13 连接边效果

（6）选择如图 4.2.14 所示的边，按住 Shift 键向下拖动，复制出如图 4.2.15 所示的面。单击 目标焊接 按钮焊接对应的边，效果如图 4.2.16 所示。

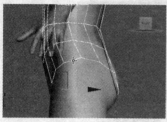  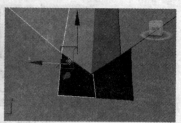

图 4.2.14　选择边　　　　　　　图 4.2.15　复制效果　　　　　　　图 4.2.16　焊接边

4.3　腿部模型制作

接下来制作腿部模型。

（1）选择如图 4.3.1 所示的边，按住 Shift 键向下拖动，复制出如图 4.3.2 所示的面。同时，调节模型上的顶点到如图 4.3.3 所示的位置。

图 4.3.1　选择边　　　　　　　　　　图 4.3.2　复制效果

图 4.3.3　调节顶点

（2）选择如图 4.3.4 所示的边，按住 Shift 键向下拖动，复制出如图 4.3.5 所示的面；选择如图 4.3.6 所示的边，单击 连接 按钮，在模型上添加细分曲线，效果如图 4.3.7 所示。

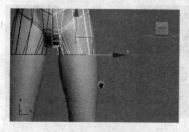 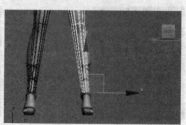

图 4.3.4　选择边　　　　　　　　　　图 4.3.5　复制效果

图 4.3.6 选择边

图 4.3.7 连接边效果

（3）选择如图 4.3.8 所示的边，单击 连接 按钮，在模型上添加细分曲线，效果如图 4.3.9 所示。调节腿部模型上的顶点到如图 4.3.10 所示的位置。

图 4.3.8 选择边

图 4.3.9 连接边效果

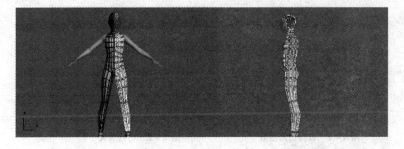
图 4.3.10 调节顶点

4.4 胳膊模型制作

在本节中制作胳膊模型。

（1）选择如图 4.4.1 所示的面，按 Delete 键删除，如图 4.4.2 所示。选择如图 4.4.3 所示的边界，按住 Shift 键向外拖动，复制出如图 4.4.4 所示的面。

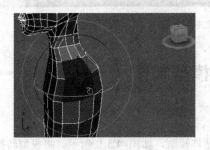
图 4.4.1 选择面

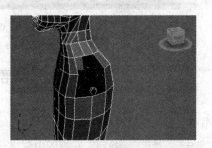
图 4.4.2 删除面

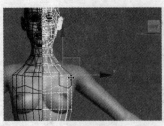

图 4.4.3　选择边界　　　　　　　　　图 4.4.4　复制效果

（2）调节模型上的顶点到如图 4.4.5 所示的位置。选择如图 4.4.6 所示的边，单击 切角 □ 后面的小按钮，在弹出的 切角 对话框中设置参数如图 4.4.7 所示，切角效果如图 4.4.8 所示。

图 4.4.5　调节顶点　　　　　　　　　图 4.4.6　选择边

图 4.4.7　设置切角参数　　　　　　　图 4.4.8　切角效果

（3）通过焊接节点并调节模型上的点，效果如图 4.4.9 所示。

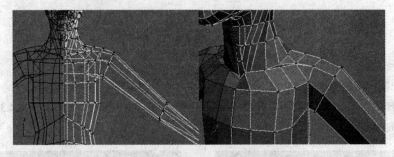

图 4.4.9　焊接并调节顶点

4.5　胸部模型制作

在本节中来制作胸部模型。

（1）单击 球体 按钮，在视图中创建一球体模型，如图 4.5.1 所示。将模型转换成可编辑多边形，选择如图 4.5.2 所示的顶点，按 Delete 键删除，如图 4.5.3 所示。

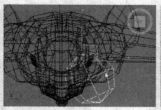
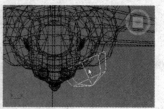

图 4.5.1　创建球体　　　　图 4.5.2　选择顶点　　　　图 4.5.3　删除顶点

（2）选择如图 4.5.4 所示的顶点，按 Delete 键删除，并调节模型上的顶点到如图 4.5.5 所示的位置。

图 4.5.4　选择顶点　　　　　　　图 4.5.5　调节顶点

（3）单击 附加 按钮，合并场景中的模型，如图 4.5.6 所示。单击 目标焊接 按钮焊接对应的顶点，效果如图 4.5.7 所示。

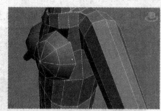

图 4.5.6　附加模型　　　　　　　图 4.5.7　焊接顶点

（4）调节模型上的顶点到如图 4.5.8 所示的位置。选择如图 4.5.9 所示的边，单击 连接 按钮，在模型上添加细分曲线，效果如图 4.5.10 所示。

图 4.5.8　调节顶点　　　　图 4.5.9　选择边　　　　图 4.5.10　连接边效果

（5）调节模型上的顶点到如图 4.5.11 所示的位置。选择如图 4.5.12 所示的顶点，单击 切角 后面的小按钮，在弹出的 切角 对话框中设置参数如图 4.5.13 所示，切角效果如图 4.5.14 所示。

图 4.5.11　调节顶点　　　　　　　图 4.5.12　选择顶点

图 4.5.13　设置切角参数

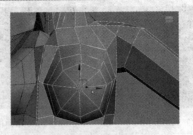

图 4.5.14　切角效果

（6）选择如图 4.5.15 所示的面，单击 倒角 □ 后面的小按钮，对选择的面进行倒角操作，效果如图 4.5.16 所示。

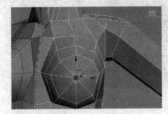

图 4.5.15　选择面

图 4.5.16　倒角效果

（7）调节模型上的顶点到如图 4.5.17 所示的位置。选择如图 4.5.18 所示的边，单击 连接 □ 后面的小按钮，在弹出的 连接边 对话框中设置参数如图 4.5.19 所示，效果如图 4.5.20 所示。

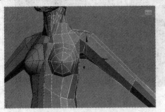

图 4.5.17　调节顶点

图 4.5.18　选择边

图 4.5.19　设置连接边参数

图 4.5.20　连接边效果

（8）单击 切割 按钮，在模型上切割边，如图 4.5.21 所示。调节模型上的顶点到如图 4.5.22 所示的位置。单击 切割 按钮，继续在模型上切割边，如图 4.5.23 所示。

图 4.5.21　切割效果

图 4.5.22　调节顶点

图 4.5.23　切割效果

（9）单击 切割 按钮，在模型上切割边，如图 4.5.24 所示，调节模型上的顶点到如图 4.5.25 所示的位置。单击 切割 按钮，继续在模型上切割边，如图 4.5.26 所示。

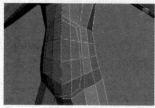 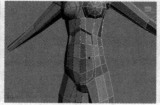 

图 4.5.24　切割效果　　　　　图 4.5.25　调节顶点　　　　　图 4.5.26　切割效果

4.6　模型细节调整

在本节中对模型的细节部分进行调整，以便使模型看上去更加精致。

（1）调节模型上的点到如图 4.6.1 所示的位置。选择如图 4.6.2 所示的边，单击 连接 按钮，在模型上添加细分曲线，效果如图 4.6.3 所示；同时调节模型上的顶点到如图 4.6.4 所示的位置。

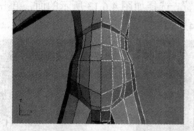 

图 4.6.1　调节顶点　　　　　　　　　图 4.6.2　选择边

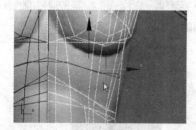 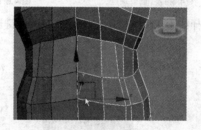

图 4.6.3　连接边效果　　　　　　　　图 4.6.4　调节顶点

（2）选择如图 4.6.5 所示的顶点，单击 切角 □ 后面的小按钮，在弹出的 ‖切角 对话框中设置参数如图 4.6.6 所示，切角效果如图 4.6.7 所示。

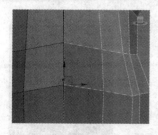  

图 4.6.5　选择顶点　　　　图 4.6.6　设置切角参数　　　　图 4.6.7　切角效果

（3）单击 切割 按钮，在模型上切割边，如图 4.6.8 所示。选择如图 4.6.9 所示的边，单击按钮，在模型上添加边，效果如图 4.6.10 所示。单击 切割 按钮，继续在模型上切割边，如图 4.6.11 所示。

图 4.6.8 切割效果

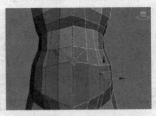
图 4.6.9 选择边

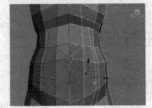
图 4.6.10 连接边效果

图 4.6.11 切割效果

（4）调节模型上的顶点到如图 4.6.12 所示的位置。选择如图 4.6.13 所示的面，单击 倒角 □ 后面的小按钮，对选择的面进行倒角操作，效果如图 4.6.14 所示。

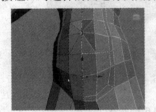
图 4.6.12 调节顶点

图 4.6.13 选择面

图 4.6.14 倒角效果

（5）选择如图 4.6.15 所示的面，按 Delete 键删除，如图 4.6.16 所示。

图 4.6.15 选择面

图 4.6.16 删除面

（6）调节模型上的顶点到如图 4.6.17 所示的位置。单击 切割 按钮，在模型上切割边，如图 4.6.18 所示。同时，调节模型上的顶点到如图 4.6.19 所示的位置。

图 4.6.17 调节顶点

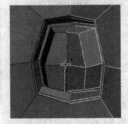
图 4.6.18 切割效果

图 4.6.19 调节顶点

（7）单击 切割 按钮，在模型上切割边，如图 4.6.20 所示。同时，调节模型上的顶点到如图 4.6.21 所示的位置。

图 4.6.20　切割效果　　　　　　　　　　　　　　　图 4.6.21　调节顶点

（8）单击 切割 按钮，在模型上切割边，如图 4.6.22 所示；选择如图 4.6.23 所示的顶点，单击 切角 □ 后面的小按钮，在弹出的 切角 对话框中设置参数如图 4.6.24 所示，切角效果如图 4.6.25 所示。

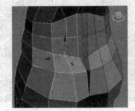

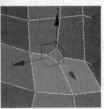

图 4.6.22　切割效果　　　图 4.6.23　选择顶点　　　图 4.6.24　设置切角参数　　　图 4.6.25　切角效果

（9）单击 切割 按钮，在模型上切割边，如图 4.6.26 所示；调节模型上的顶点到如图 4.6.27 所示的位置。

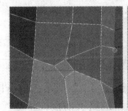
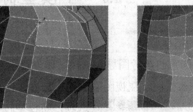

图 4.6.26　切割效果　　　　　　　　　　　　图 4.6.27　调节顶点

（10）选择如图 4.6.28 所示的面，单击 插入 □ 后面的小按钮，在弹出的 插入 对话框中设置参数如图 4.6.29 所示，效果如图 4.6.30 所示。

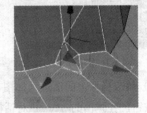

图 4.6.28　选择面　　　　　图 4.6.29　设置插入参数　　　　图 4.6.30　插入效果

  Tips ● ● ●

　　如果在执行手动插入后单击该按钮，则对当前选定对象和预览对象上执行的插入操作相同。此时，将会打开该对话框，其中"插入量"被设置为最后一次手动插入时的数值。

（11）调节模型上的顶点到如图 4.6.31 所示的位置。单击 切割 按钮，在模型上切割边，如图 4.6.32 所示；调节模型上的顶点到如图 4.6.33 所示的位置。

  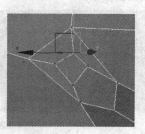

图 4.6.31 调节顶点　　　　　图 4.6.32 切割效果　　　　　图 4.6.33 调节顶点

（12）通过加线去线操作，调节模型上的顶点到如图 4.6.34 所示的位置。

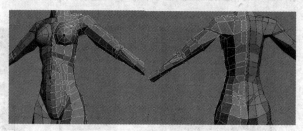

图 4.6.34 调节顶点

4.7 手模型制作

在这一节中制作手的模型。

（1）将提前准备好的手的参考图导入软件中作为背景，如图 4.7.1 所示。

（2）单击 长方体 按钮，在视图中创建一长方体模型，如图 4.7.2 所示；单击鼠标右键，在弹出的快捷菜单中选择 转换为可编辑多边形 选项，将模型转换为可编辑多边形。

 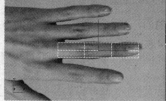 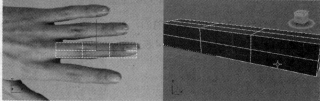

图 4.7.1 导入背景　　　　　　　　　图 4.7.2 创建长方体

（3）调节模型上的顶点到如图 4.7.3 所示的位置；选择如图 4.7.4 所示的边，单击 切角 □ 后面的小按钮，在弹出的 切角 对话框中设置参数如图 4.7.5 所示，切角效果如图 4.7.6 所示。

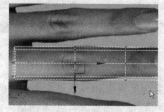 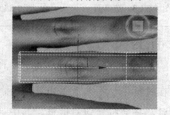

图 4.7.3 调节顶点　　　　　　　　图 4.7.4 选择边

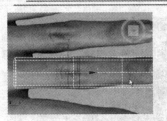

图 4.7.5 设置切角参数　　　　　图 4.7.6 切角效果

（4）选择如图 4.7.7 所示的边，单击 切角 □ 后面的小按钮，在弹出的 ‖切角 对话框中设置
参数如图 4.7.8 所示，切角效果如图 4.7.9 所示。

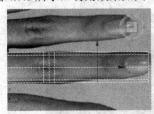

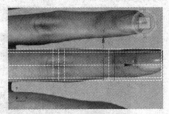

图 4.7.7 选择边　　　图 4.7.8 设置切角参数　　　图 4.7.9 切角效果

（5）选择如图 4.7.10 所示的边，单击 连接 按钮，在模型上添加细分曲线，如图 4.7.11 所示。

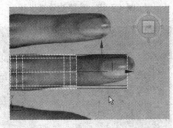
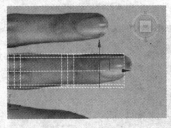

图 4.7.10 选择边　　　　　图 4.7.11 连接边效果

（6）调节模型上的顶点到如图 4.7.12 所示的位置。选择如图 4.7.13 所示的边，单击 连接 按
钮，在模型上添加细分曲线，如图 4.7.14 所示。

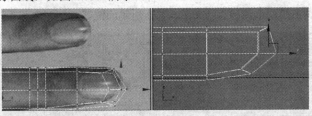

图 4.7.12 调节顶点

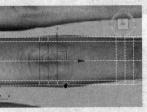
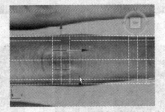

图 4.7.13 选择边　　　　　图 4.7.14 连接边效果

（7）单击 切割 按钮，在模型上切割边，效果如图 4.7.15 所示。调节模型上的顶点到如图
4.7.16 所示的位置。

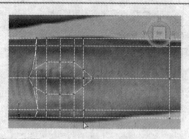
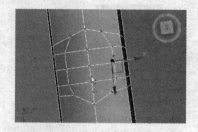

图 4.7.15　切割效果　　　　　　　　　图 4.7.16　调节顶点

（8）选择如图 4.7.17 所示的边，单击 连接 按钮，在模型上添加细分曲线，如图 4.7.18 所示；选择如图 4.7.19 所示的边，单击 连接 按钮，在模型上添加细分曲线，如图 4.7.20 所示。

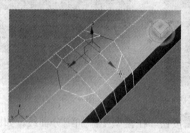

图 4.7.17　选择边　　　　　　　　　图 4.7.18　连接边效果

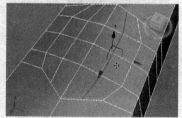

图 4.7.19　选择边　　　　　　　　　图 4.7.20　连接边效果

（9）调节模型上的顶点到如图 4.7.21 所示的位置。单击 切割 按钮，在模型上切割边，效果如图 4.7.22 所示。调节模型上的顶点到如图 4.7.23 所示的位置。

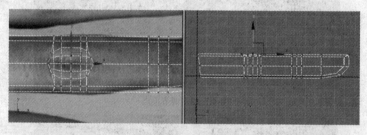

图 4.7.21　调节顶点

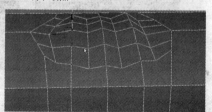

图 4.7.22　切割效果　　　　　　　　　图 4.7.23　调节顶点

（10）选择如图 4.7.24 所示的面，单击 插入 □ 后面的小按钮，在弹出的 ‖插入 对话框中设置参数如图 4.7.25 所示，效果如图 4.7.26 所示。

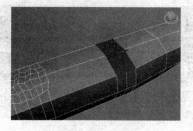

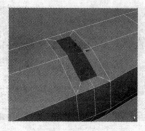

图 4.7.24 选择面　　　　图 4.7.25 设置插入参数　　　　图 4.7.26 插入效果

（11）选择如图 4.7.27 所示的边，单击 连接 按钮，在模型上添加细分曲线，如图 4.7.28 所示。单击 切割 按钮，在模型上切割细分曲线，效果如图 4.7.29 所示。

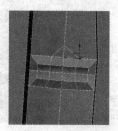

图 4.7.27 选择边　　　　图 4.7.28 连接边效果　　　　图 4.7.29 切割效果

（12）选择如图 4.7.30 所示的边，单击 连接 按钮，在模型上添加边，效果如图 4.7.31 所示。

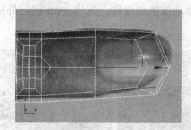
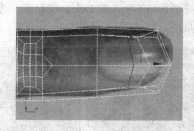

图 4.7.30 选择边　　　　　　图 4.7.31 连接边效果

（13）选择如图 4.7.32 所示的面，单击 倒角 □ 后面的小按钮，对选择的面进行倒角操作，效果如图 4.7.33 所示。

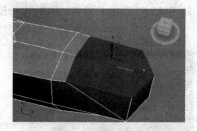
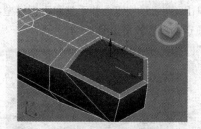

图 4.7.32 选择面　　　　　　图 4.7.33 倒角效果

（14）手指模型的细分效果如图 4.7.34 所示，选择手指模型，复制出其他的手指模型，并调节到如图 4.7.35 所示的状态。

（15）接下来创建手掌模型。单击 长方体 按钮，在视图中创建一长方体模型，如图 4.7.36

所示。单击鼠标右键，在弹出的快捷菜单中选择 转换为可编辑多边形 选项，将模型转换为可编辑多边形。

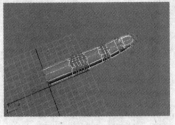
图 4.7.34 细分效果

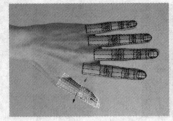
图 4.7.35 复制效果

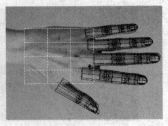
图 4.7.36 创建长方体

（16）调节模型上的顶点到如图 4.7.37 所示的位置。单击 附加 按钮合并场景中的手指模型，如图 4.7.38 所示。

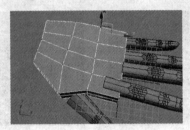
图 4.7.37 调节顶点

图 4.7.38 附加手指模型

（17）选择如图 4.7.39 所示的边，单击 连接 按钮，在模型上添加细分曲线，如图 4.7.40 所示。选择手掌模型顶端的面，按 Delete 键删除，选择顶部的边缘线，按住 Shift 键向外拖动，复制出如图 4.7.41 所示的面。

图 4.7.39 选择边

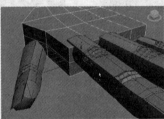
图 4.7.40 连接边效果

图 4.7.41 选择面并复制边界

（18）单击 附加 按钮合并手掌和手指模型，如图 4.7.42 所示。单击 目标焊接 按钮，焊接场景中对应的顶点，焊接效果如图 4.7.43 所示。

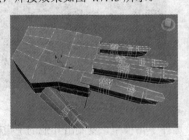
图 4.7.42 附加效果

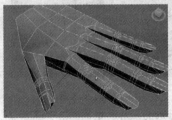
图 4.7.43 焊接顶点

（19）单击 切割 按钮，在模型上切割细分曲线，效果如图 4.7.44 所示。调节模型上的顶点到如图 4.7.45 所示的位置。

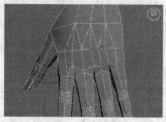
图 4.7.44 切割效果

图 4.7.45 调节顶点

（20）选择如图 4.7.46 所示的面，按 Delete 键删除，如图 4.7.47 所示；调节模型上的顶点到如图 4.7.48 所示的位置。

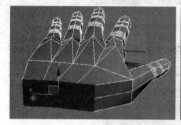
图 4.7.46 选择面

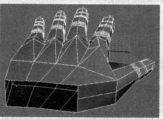
图 4.7.47 删除面

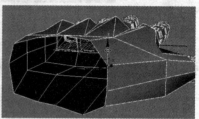
图 4.7.48 调节顶点

（21）单击 按钮，在模型上切割细分曲线，效果如图 4.7.49 所示；调节模型上的顶点到如图 4.7.50 所示的位置，细分效果如图 4.7.51 所示。

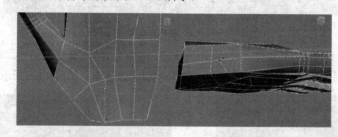
图 4.7.49 切割效果

图 4.7.50 调节顶点

图 4.7.51 细分效果

4.8 脚模型制作

下面制作脚的模型。

（1）将提前准备好的脚的参考图导入软件中作为背景，如图 4.8.1 所示。

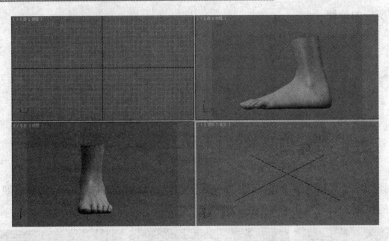

图 4.8.1　导入背景图片

（2）单击 长方体 按钮，在视图中创建一长方体模型，如图 4.8.2 所示；单击鼠标右键，在弹出的快捷菜单中选择 转换为可编辑多边形 选项，将模型转换为可编辑多边形。

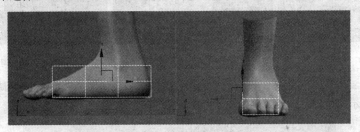

图 4.8.2　创建长方体

4

（3）调节模型上的顶点到如图 4.8.3 所示的位置，选择如图 4.8.4 所示的边，单击 连接 按钮，在模型上添加细分曲线，如图 4.8.5 所示；调节模型上的顶点到如图 4.8.6 所示的位置。

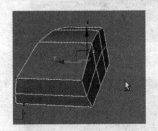

图 4.8.3　调节顶点

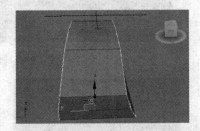

图 4.8.4　选择边

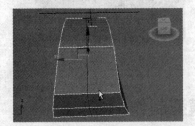

图 4.8.5　连接边效果

图 4.8.6　调节顶点

（4）选择如图 4.8.7 所示的边，单击 连接 按钮，在模型上添加细分曲线，如图 4.8.8 所示。

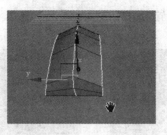
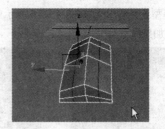

图 4.8.7　选择边　　　　　　　　　　图 4.8.8　连接边效果

（5）调节模型上的顶点到如图 4.8.9 所示的位置。选择如图 4.8.10 所示的面，按 Delete 键删除，如图 4.8.11 所示；同时调节模型上的顶点到如图 4.8.12 所示的位置。

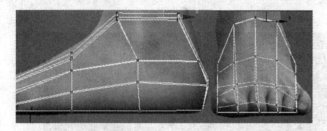

图 4.8.9　调节顶点　　　　　　　　　　图 4.8.10　选择面

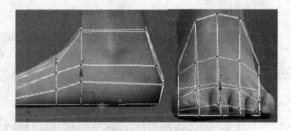

图 4.8.11　删除面　　　　　　　　　　图 4.8.12　调节顶点

（6）选择如图 4.8.13 所示的边，单击 连接 按钮，在模型上添加细分曲线，如图 4.8.14 所示。单击 切割 按钮，在模型上切割细分曲线，效果如图 4.8.15 所示。

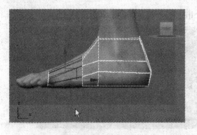
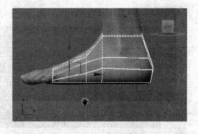

图 4.8.13　选择边　　　　　　　　　　图 4.8.14　连接边效果

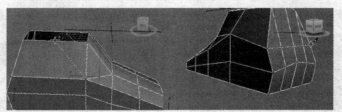

图 4.8.15　切割效果

（7）调节模型上的顶点到如图 4.8.16 所示的位置。选择如图 4.8.17 所示的边，单击 连接 按钮，在模型上添加细分曲线，如图 4.8.18 所示。

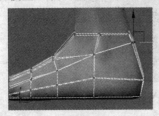 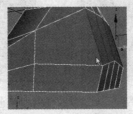 

图 4.8.16　调节顶点　　　图 4.8.17　选择边　　　图 4.8.18　连接边效果

（8）单击 切割 按钮，在模型上切割细分曲线，效果如图 4.8.19 所示。调节模型上的顶点到如图 4.8.20 所示的位置。

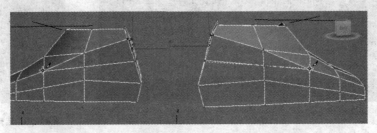

图 4.8.19　切割效果

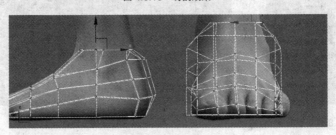

图 4.8.20　调节顶点

（9）单击 切割 按钮，在模型上切割细分曲线，效果如图 4.8.21 所示。选择如图 4.8.22 所示的边，单击 连接 按钮，在模型上添加细分曲线，效果如图 4.8.23 所示。

图 4.8.21　切割效果

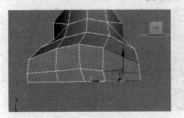 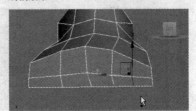

图 4.8.22　选择边　　　图 4.8.23　连接边效果

（10）选择脚掌模型顶端的面，按 Delete 键删除，选择顶部的边界，按住 Shift 键向外拖动，复制出如图 4.8.24 所示的面。

（11）选择如图 4.8.25 所示的边，单击 连接 按钮，在模型上添加细分曲线，如图 4.8.26 所示。

 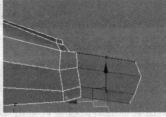 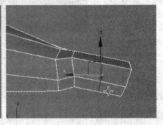

图 4.8.24 复制效果　　　　　图 4.8.25 选择边　　　　　图 4.8.26 连接边效果

（12）调节模型上的顶点到如图 4.8.27 所示的位置。选择如图 4.8.28 所示的边界，单击 封口 按钮进行封口操作，效果如图 4.8.29 所示。

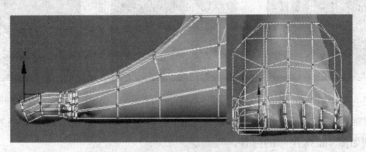

图 4.8.27 调节顶点

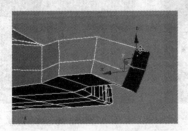 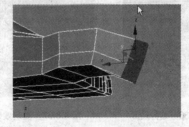

图 4.8.28 选择边界　　　　　　　　　　图 4.8.29 封口效果

（13）选择如图 4.8.30 所示的顶点，单击 连接 按钮，连接选中的顶点，如图 4.8.31 所示。调节模型上的顶点到如图 4.8.32 所示的位置。

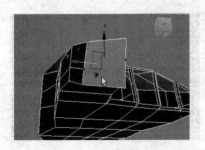 

图 4.8.30 选择顶点　　　　　　　　　　图 4.8.31 连接效果

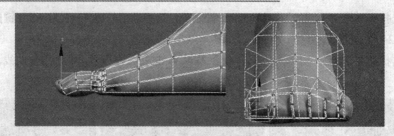

图 4.8.32 调节顶点

（14）选择如图 4.8.33 所示的面，单击 倒角 □ 后面的小按钮，对选择的面进行倒角操作，效果如图 4.8.34 所示。

（15）选择脚趾模型，复制出其他的脚趾模型，单击 附加 按钮合并场景中的模型，单击 目标焊接 按钮焊接对应的点，效果如图 4.8.35 所示。

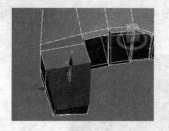
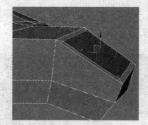

图 4.8.33 选择面　　　　图 4.8.34 倒角效果　　　　图 4.8.35 复制脚趾并焊接顶点

（16）选择如图 4.8.36 所示的边界，按住 Shift 键向上拖动，复制出如图 4.8.37 所示的面。调节模型上的顶点到如图 4.8.38 所示的位置。

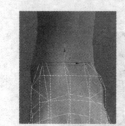

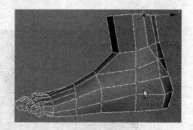

图 4.8.36 选择边界　　　　图 4.8.37 复制效果　　　　图 4.8.38 调节顶点

（17）单击 切割 按钮，在模型上切割出脚踝部分，如图 4.8.39 所示。调节模型上的顶点到如图 4.8.40 所示的位置。

（18）调节脚趾部分的顶点到如图 4.8.41 所示的位置。

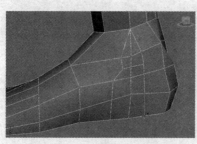

图 4.8.39 切割效果

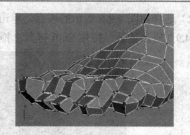

图 4.8.40 调节顶点　　　　　　　　　　图 4.8.41 调节顶点

（19）至此，人体的各个部分模型制作完毕，将所制作的模型导入一个场景，单击 附加 按钮进行合并，单击 目标焊接 按钮焊接对应的顶点，效果如图 4.8.42 所示，细分效果如图 4.8.43 所示，最终渲染效果如图 4.8.44 所示。至此，人体模型制作完毕。

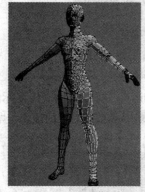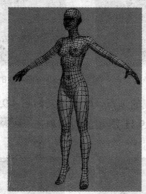

图 4.8.42 焊接顶点　　　　　　图 4.8.43 细分效果　　　　　　图 4.8.44 渲染效果

4.9　服饰模型制作

下面来制作服饰模型，包括内裤和胸罩模型。

（1）首先来制作内裤模型。选择如图 4.9.1 所示的面，克隆出如图 4.9.2 所示的面。单击 切割 按钮，在模型上切割细分曲线，如图 4.9.3 所示，同时删除多余的边，如图 4.9.4 所示。

图 4.9.1 选择面　　　　　　　　　　图 4.9.2 克隆效果

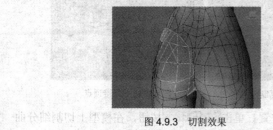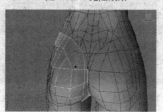

图 4.9.3 切割效果　　　　　　　　　　图 4.9.4 删除边

（2）选择如图 4.9.5 所示的顶点，单击 连接 按钮连接所选择的顶点，如图 4.9.6 所示；选择如图 4.9.7 所示的边，按住 Shift 键向上拖动，复制出如图 4.9.8 所示的面。

图 4.9.5 选择顶点

图 4.9.6 连接顶点

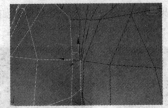

图 4.9.7 选择边

图 4.9.8 复制效果

（3）单击 目标焊接 按钮焊接对应的顶点，焊接效果如图 4.9.9 所示。选择如图 4.9.10 所示的边，按住 Shift 键向外拖动，复制出如图 4.9.11 所示的面。单击 目标焊接 按钮焊接对应的顶点，焊接效果如图 4.9.12 所示。

图 4.9.9 焊接顶点

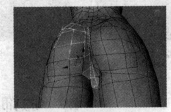

图 4.9.10 选择边

图 4.9.11 复制效果

图 4.9.12 焊接顶点

（4）选择如图 4.9.13 所示的边，按住 Shift 键向外拖动，复制出如图 4.9.14 所示的面。单击 目标焊接 按钮焊接对应的顶点，焊接效果如图 4.9.15 所示。

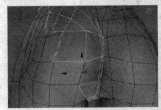

图 4.9.13 选择边

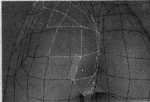

图 4.9.14 复制效果

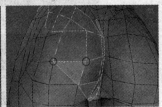

图 4.9.15 焊接顶点

（5）调节模型上的顶点到如图 4.9.16 所示的位置。单击 切割 按钮，在模型上切割细分曲线，效果如图 4.9.17 所示。

图 4.9.16　调节顶点　　　　　　　　　　图 4.9.17　切割效果

（6）调节模型上的顶点到如图 4.9.18 所示的位置。单击 切割 按钮，在模型上切割细分曲线，如图 4.9.19 所示，同时删除多余的边，如图 4.9.20 所示。

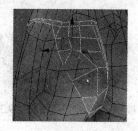

图 4.9.18　调节顶点　　　　　　　图 4.9.19　切割效果　　　　　　　图 4.9.20　删除边

（7）单击 切割 按钮，在模型上切割细分曲线，如图 4.9.21 所示，同时删除多余的边，如图 4.9.22 所示。

（8）单击 切割 按钮，在模型上切割细分曲线，如图 4.9.23 所示，同时删除多余的边，如图 4.9.24 所示。

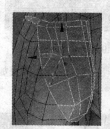

图 4.9.21　切割效果　　　　图 4.9.22　删除边　　图 4.9.23　切割效果　　图 4.9.24　删除边

（9）单击 切割 按钮，在模型上切割细分曲线，如图 4.9.25 所示，同时删除多余的边，如图 4.9.26 所示。

（10）选择如图 4.9.27 所示的边，按住 Shift 键向内拖动，复制出如图 4.9.28 所示的面。

图 4.9.25　切割效果　　　　图 4.9.26　删除边　　　　图 4.9.27　选择边　　　　图 4.9.28　复制效果

（11）选择制作好的模型，在修改命令面板的下拉菜单中选择修改器，给模型添加一个对称命令，效果如图4.9.29所示。调节模型上的顶点到如图4.9.30所示的位置。

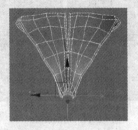
图4.9.29 对称效果

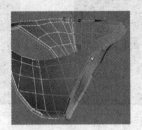
图4.9.30 调节顶点

注 意 Tips ● ● ●

"对称"修改器将面片和NURBS对象转换为修改器堆栈中的网格格式；可编辑多边形和可编辑网格对象保持原始格式。

（12）将内裤模型导入人体模型场景中，如图4.9.31所示。调节内裤模型上的顶点到如图4.9.32所示的位置，细分曲面效果如图4.9.33所示。

图4.9.31 导入内裤模型

图4.9.32 调节顶点

图4.9.33 细分效果

（13）使用上述制作内裤的方法制作出胸罩模型，效果如图4.9.34所示。至此，女性人体模型制作完成，最终效果如图4.9.35所示。

图4.9.34 胸罩模型

图4.9.35 人体最终模型

4.10 设置材质、灯光效果

在本节中主要设置场景的材质、灯光效果。

4.10.1　设置材质效果

首先来设置场景的材质效果。

（1）首先来设置人体的皮肤材质。在修改命令面板的 修改器列表 下拉菜单中选择 UVW 展开 选项，给模型添加一个 UVW 展开修改器，对人体模型的 UV 进行展开，以便绘制人体贴图，在 编辑 UV 卷展栏中单击 打开 UV 编辑器… 按钮，在弹出的 编辑 UVW 对话框中对 UV 进行展开操作，效果如图 4.10.1 所示。

注　意　Tips ● ● ●

应用 "UVW 展开" 修改器后，开放的贴图边或接合口会出现在视口中的修改对象上。这可以帮助看到对象表面上的贴图簇的位置。可以使用"显示"设置来切换这一功能，并设置线的粗细。

（2）打开 Photoshop 软件，在其中绘制人体贴图，如图 4.10.2 所示。

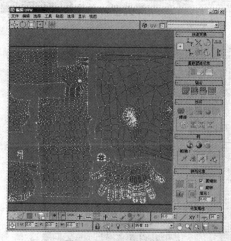

图 4.10.1　UV 展开效果

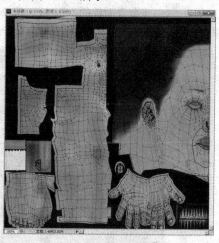

图 4.10.2　绘制人体贴图

（3）按 M 键打开材质编辑器，选择一个空白的材质球，在漫反射通道中添加绘制的人体贴图，设置高光级别为 30，设置光泽度为 35，如图 4.10.3 所示。

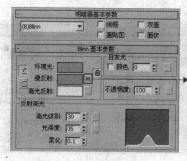

图 4.10.3　设置人体材质

（4）下面来设置眼球材质。按 M 键打开材质编辑器，选择一个空白的材质球，在漫反射通道中添加绘制的人体贴图，设置高光级别为 30，设置光泽度为 35，如图 4.10.4 所示。

（5）设置衣服材质。按 M 键打开材质编辑器，选择一个空白的材质球，在漫反射通道中添加一张布纹贴图，如图 4.10.5 所示。

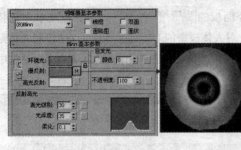 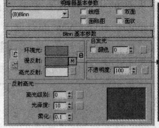 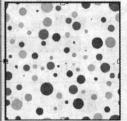

图 4.10.4　设置眼睛材质　　　　　　　　　图 4.10.5　设置衣服材质

4.10.2　设置灯光效果

在这一小节中设置场景的灯光效果。

（1）在 创建命令面板的 区域，选择 标准 类型，单击 目标聚光灯 按钮，在场景中创建一盏目标聚光灯，如图 4.10.6 所示。

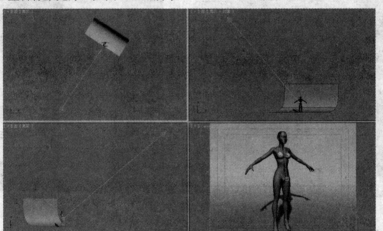

图 4.10.6　创建目标聚光灯

（2）在修改命令面板中设置灯光参数如图 4.10.7 所示。

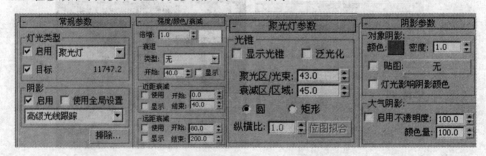

图 4.10.7　设置聚光灯参数

（3）至此，场景的材质灯光效果设置完成，将设置好的材质指定给人体模型，按 F9 键进行渲染，最终效果如图 4.0.1 所示。

本 章 小 结

　　本章中介绍了使用多边形建模的方法制作女性人体模型，在制作过程中主要运用了对边的拖动复制和缩放复制的方法，这是制作人体模型的主要方法。同时用到了多边形建模的一些基本命令，这些命令可以对塑造人体细节起到关键性的作用。因此，在以后的学习和工作中，掌握好基础知识是不可或缺的重要一步。

第 5 章　男性人体建模

在制作男性人体之前，首先要了解男性人体的结构，对男性的肌肉线条也要了解，在制作模型的时候，可以将身体的棱角做得更加分明一些。这样当模型平滑显示后，可以更好地凸显男性身体的肌肉形态。本章，我们将先使用长方体对照参考图调整出头部的基本形状；再使用各种多边形建模工具对人体的肌肉结构进行塑造；然后焊接身体各部分，并使用细分曲面命令对模型进行光滑处理。

本章知识重点

➤ 熟悉男性人体的身体比例、骨骼特点和肌肉结构。
➤ 学习使用长方体制作人体模型。
➤ 掌握多边形建模工具的使用方法。
➤ 掌握头发效果的制作方法。
➤ 学习人体皮肤材质的制作方法。

制作好的男性人体的渲染效果，如图 5.0.1 所示。

图 5.0.1　渲染效果

5.1　头部模型制作

本节制作头部模型。在制作头部模型时，首先制作出头部的大概模型，然后再使用多边形建模工具对其进行细节塑造。

5.1.1　头部模型基本结构的制作

在本小节中，对头部模型进行一个整体性的制作。

（1）打开 3DS MAX，选择一个我们所需要的视图，然后按【Alt+B】组合键，打开**视口背景**对话框。单击 文件... 按钮，在弹出的**选择背景图像**对话框中找到与视图相对应的素材图片，并设置参数如图 5.1.1 所示，分别在前视图和左视图导入男人头像图片作为参考，效果如图 5.1.2 所示。

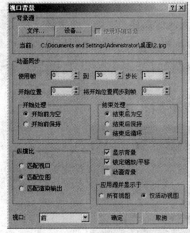

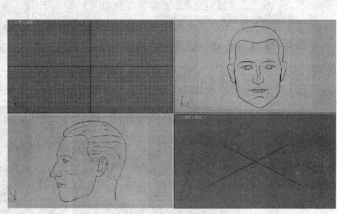

图 5.1.1　"视口背景"对话框　　　　　　　　图 5.1.2　导入参考图

（2）在 创建命令面板下，单击 按钮，选择 标准基本体 类型，单击 长方体 按钮，在场景中创建一个长方体，如图 5.1.3 所示。单击鼠标右键，在弹出的快捷菜单中选择**转换为可编辑多边形**选项，将模型转换为可编辑多边形。选择如图 5.1.4 所示的顶点，按 Delete 键删除，效果如图 5.1.5 所示。在菜单栏中单击 按钮，在弹出的**镜像: 屏幕 坐标**对话框中设置参数如图 5.1.6 所示，镜像复制效果如图 5.1.7 所示。

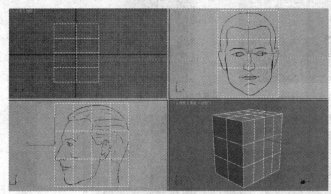

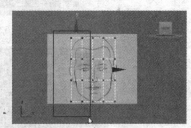

图 5.1.3　创建长方体　　　　　　　　　图 5.1.4　选择顶点

图 5.1.5　删除顶点　　　　图 5.1.6　设置镜像参数　　　　图 5.1.7　镜像复制效果

注　意　Tips ●●●

"镜像"对话框使用当前参考坐标系，如同其名称所反映的那样。例如，如果将"参考坐标系"设置为"局部"，则该对话框就命名为"镜像：局部坐标"。有一个例外是：如果将"参考坐标系"设置为"视图"，则"镜像"使用"屏幕"坐标。

（3）单击 切割 按钮，在模型上切割细分曲线，效果如图 5.1.8 所示。

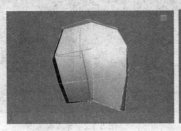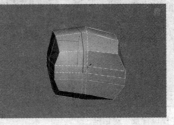

图 5.1.8　切割效果

（4）选择如图 5.1.9 所示的面，单击 插入 □ 后面的小按钮，在弹出的 插入 对话框中设置参数如图 5.1.10 所示，效果如图 5.1.11 所示。同时，将顶点调节到如图 5.1.12 所示的位置。这样，眼睛的基本轮廓就制作出来了。

图 5.1.9　选择面　　　　图 5.1.10　设置"插入"参数

图 5.1.11　插入效果　　　　图 5.1.12　调节顶点

（5）继续在模型上切割新的细分曲线，效果如图 5.1.13 所示。调节顶点到如图 5.1.14 所示的位置，这样，嘴部的基本轮廓也就制作出来了。

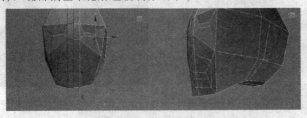

图 5.1.13　切割细分曲线　　　　图 5.1.14　调节顶点

（6）单击 切割 按钮，在模型上切割细分曲线，如图 5.1.15 所示。选择如图 5.1.16 所示的边，调节到如图 5.1.17 所示的位置。选中如图 5.1.18 所示的面，在 修改命令面板的 - 多边形：平滑组 卷展栏下单击 清除全部 按钮，去除所有面的光滑度，效果如图 5.1.19 所示。

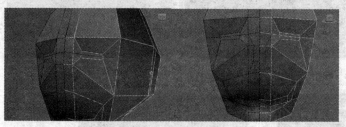

图 5.1.15 切割细分曲线　　　　　　　　　　　图 5.1.16 选择边

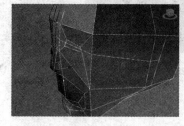

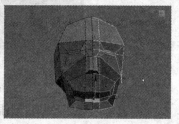

图 5.1.17 调节边　　　　　　图 5.1.18 选择面　　　　　　图 5.1.19 去除光滑度

（7）在嘴巴模型上切割细分曲线，效果如图 5.1.20 所示，同时调节细分曲线到如图 5.1.21 所示的位置。

图 5.1.20 切割细分曲线　　　　　　　图 5.1.21 调节细分曲线

（8）继续在嘴部周围添加如图 5.1.22 所示的细分曲线。

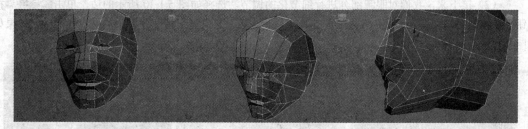

图 5.1.22 添加细分曲线

（9）单击 切割 按钮，在头顶处切割一条如图 5.1.23 所示的细分曲线。选择如图 5.1.24 所示的边，单击 连接 按钮，给模型添加细分曲线，效果如图 5.1.25 所示。最后，选择相应的点进行调节，效果如图 5.1.26 所示。

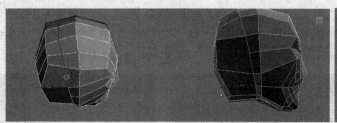
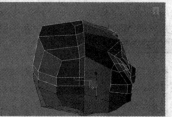

图 5.1.23　切割细分曲线　　　　　　　　　　　图 5.1.24　选择边

图 5.1.25　连接效果　　　　　　　　图 5.1.26　调节效果

5.1.2　头部模型细节调节

下面来对头部模型进行细节化的调节。

（1）选择如图 5.1.27 所示的面，按 Delete 键删除。选择如图 5.1.28 所示的边，按着 Shift 键对照参考图进行多次拉伸并调整，制作出脖子模型，效果如图 5.1.29 所示。

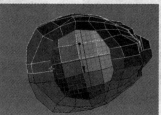

图 5.1.27　选择面　　　　　　　　图 5.1.28　选择边　　　　　　　　图 5.1.29　复制效果

（2）接下来，我们对眼睛部分进行细节化的调节。选择如图 5.1.30 所示的边，单击 连接 按钮，在模型上添加细分曲线，效果如图 5.1.31 所示。接下来，对眼睛部分多余的面进行删除，效果如图 5.1.32 所示。

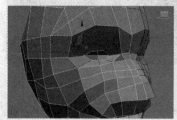
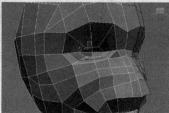

图 5.1.30　选择边　　　　　　　　图 5.1.31　连接效果　　　　　　　图 5.1.32　删除面效果

（3）接下来，我们对嘴巴部分进行细节化的调节。选择如图 5.1.33 所示的边，单击 连接 按钮，在模型上添加细分曲线，效果如图 5.1.34 所示。

图 5.1.33 选择边 　　　　　　　　图 5.1.34 连接效果

（4）单击 切割 按钮，在鼻子部位切割细分曲线，效果如图 5.1.35 所示。选择如图 5.1.36 所示的面，单击 倒角 按钮，对选择的面进行倒角操作，效果如图 5.1.37 所示。

 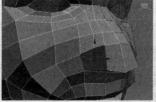 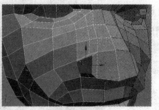

图 5.1.35 切割细分曲线 　　　　图 5.1.36 选择面 　　　　图 5.1.37 倒角效果

（5）下面，我们来制作鼻孔效果。选择如图 5.1.38 所示的面，单击 倒角 按钮，对选择的面进行倒角操作，效果如图 5.1.39 所示。调节节点到如图 5.1.40 所示的位置，然后对模型进行细分曲面处理，这时鼻子的效果如图 5.1.41 所示。

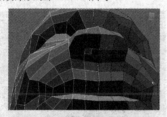 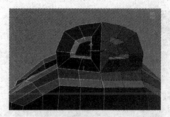

图 5.1.38 选择面 　　　　　　　图 5.1.39 倒角效果

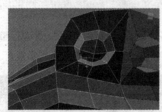 

图 5.1.40 调节节点 　　　　　　图 5.1.41 细分曲面效果

（6）在嘴巴处添加一条如图 5.1.42 所示的细分曲线。选择如图 5.1.43 所示的面，按 Delete 键删除，效果如图 5.1.44 所示。接下来，对照参考图将嘴巴调节成如图 5.1.45 所示的样子。

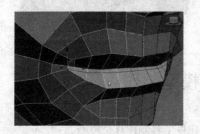 

图 5.1.42 添加细分曲线 　　　　图 5.1.43 选择面

图 5.1.44　删除面

图 5.1.45　调节效果

（7）继续对眼部进行细节调节。单击 ▢▢▢▢ 球体 ▢▢▢▢ 按钮，在视图中创建一个球体模型，如图 5.1.46 所示。选择如图 5.1.47 所示的边界，按着 Shift 键进行多次拉伸并调节，效果如图 5.1.48 所示。最后，选择相应的点，对照参考图对眼睛处进行细节调节，效果如图 5.1.49 所示。

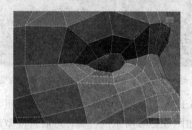
图 5.1.46　创建球体

图 5.1.47　选择边界

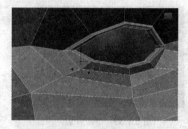
图 5.1.48　调节效果

图 5.1.49　细节调节效果

（8）现在，眼睛、鼻子和嘴巴已经调节得差不多了，接下来对头部模型进行整体调节，效果如图 5.1.50 所示，细分曲面效果如图 5.1.51 所示。

图 5.1.50　头部整体调节

图 5.1.51　细分曲面效果

5.2　耳朵模型制作

本节中制作耳朵模型，可使用面片结合多边形建模工具制作耳朵模型。

（1）首先将耳朵的参考图导入视图中作为参考背景。单击 ▢▢▢▢ 平面 ▢▢▢▢ 按钮，在前视图中创建一个面片模型，如图 5.2.1 所示。

（2）单击鼠标右键，在弹出的快捷菜单中选择 转换为可编辑多边形 选项，将模型转换为可编辑多边形，调节节点到如图 5.2.2 所示的位置。

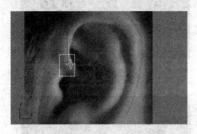
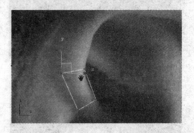

图 5.2.1 创建平面 图 5.2.2 调节节点

（3）选择如图 5.2.3 所示的边，按住 Shift 键进行拖动复制，效果如图 5.2.4 所示。使用同样的方法制作出耳朵里面的模型，效果如图 5.2.5 所示。

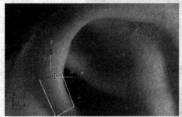

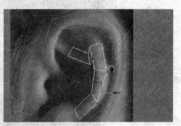

图 5.2.3 选择边 图 5.2.4 复制效果 图 5.2.5 制作耳朵内部模型

（4）选择如图 5.2.6 所示的边界，按住 Shift 键沿着 Y 轴向里侧拖动复制，效果如图 5.2.7 所示。

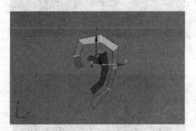

图 5.2.6 选择边界 图 5.2.7 复制效果

（5）选择如图 5.2.8 所示的边，单击 目标焊接 按钮，对选择的边进行焊接，效果如图 5.2.9 所示。使用同样的方法焊接耳朵内侧的边，效果如图 5.2.10 所示。

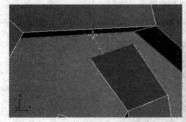
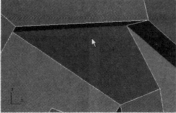

图 5.2.8 选择边 图 5.2.9 焊接边 图 5.2.10 焊接边

（6）选择如图 5.2.11 所示的边，单击 连接 按钮添加细分曲线，如图 5.2.12 所示。选择如图 5.2.13 中所示的边，按住 Shift 键拖动，然后单击 目标焊接 按钮进行焊接，效果如图 5.2.14 所示。

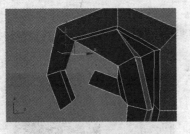

图 5.2.11　选择边

图 5.2.12　连接效果

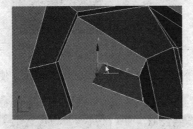

图 5.2.13　选择边

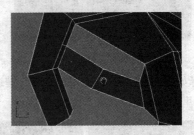

图 5.2.14　焊接效果

（7）选择如图 5.2.15 中所示的边界，单击 ▢封口▢ 按钮进行封口操作，效果如图 5.2.16 所示。选择如图 5.2.17 所示的面，单击 ▢倒角▢ 按钮对选择的面进行倒角操作，效果如图 5.2.18 所示。

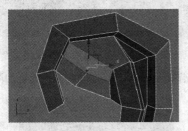

图 5.2.15　选择边界

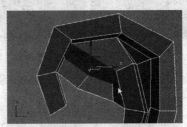

图 5.2.16　封口效果

图 5.2.17　选择面

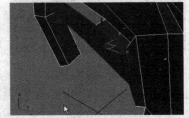

图 5.2.18　倒角效果

（8）切换到点级别，单击 ▢目标焊接▢ 按钮，焊接图 5.2.19 中所示的顶点。

图 5.2.19　焊接节点

（9）选择耳垂位置的面，如图 5.2.20 所示，按 Delete 键删除。选择耳垂下面的边，如图 5.2.21

所示，按住 Shift 键不断拖动，复制出整个耳朵的外形，然后焊接相邻的边，效果如图 5.2.22 所示。

图 5.2.20　选择面　　　　　图 5.2.21　选择边　　　　　图 5.2.22　焊接边

（10）按住 Shift 键拖动，复制出如图 5.2.23 中所示的边。单击 [目标焊接] 按钮，焊接如图 5.2.24 中所示的边，然后分别选择如图 5.2.25 中所示的边界，单击 [封口] 按钮进行封口操作。

图 5.2.23　复制效果　　　　　　　　　图 5.2.24　焊接边

图 5.2.25　封口效果

（11）选择如图 5.2.26 中所示的面，单击 [倒角] 按钮，对选择的面进行倒角操作，效果如图 5.2.27 所示。

图 5.2.26　选择面　　　　　　　　　图 5.2.27　倒角效果

（12）选择如图 5.2.28 所示的边界，按住 Shift 键向里面连续拖动，效果如图 5.2.29 所示。

图 5.2.28　选择边界　　　　　　　图 5.2.29　复制效果

（13）切换到面级别，单击 按钮，单击图 5.2.30 所示的每个顶点，最后再回到开始的顶点，在顶点上创建一个面，如图 5.2.31 所示。

图 5.2.30　单击顶点　　　　　　　　　图 5.2.31　创建面

 提 示 Tips ● ● ●

为了获得最佳的结果，请按照逆时针（首选）或顺时针顺序依次单击顶点。如果使用顺时针顺序，新多边形会背对用户。

（14）单击鼠标右键，在弹出的快捷菜单中选择 目标焊接 命令，焊接耳朵前侧的顶点，效果如图 5.2.32 所示。选择耳朵外的边界，按住 Shift 键拖动，效果如图 5.2.33 所示，然后再次单击 目标焊接 按钮，焊接耳朵前侧的顶点，效果如图 5.2.34 所示。

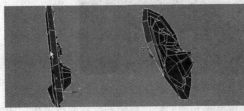 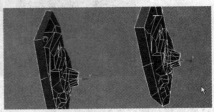

图 5.2.32　焊接顶点　　　　　　　　　图 5.2.33　复制效果

图 5.2.34　焊接顶点

（15）再次选择耳朵外的边界，按住 Shift 键拖动，效果如图 5.2.35 所示。调节顶点到如图 5.2.36 所示的位置。

图 5.2.35　拖动复制效果　　　　　　　　图 5.2.36　调节顶点

（16）为模型指定默认的材质。单击鼠标右键，在弹出的快捷菜单中选择 NURMS 切换 命令，将耳朵模型平滑显示，效果如图 5.2.37 所示。至此，耳朵模型制作完毕。

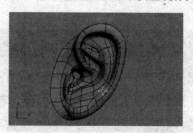

图 5.2.37　平滑显示效果

（17）耳朵也制作完成了。接下来调节耳朵的大小，并将其放置到如图 5.2.38 所示的位置。切换到点级别，将耳朵和头部合并在一起，同时焊接相对应的顶点。最后对模型进行细分曲面处理，平滑效果如图 5.2.39 所示。

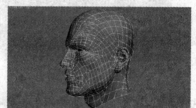

图 5.2.38　合并焊接效果　　　　　　　　　　图 5.2.39　细分曲面效果

5.3　身体模型制作

本节中主要制作身体模型。首先，使用长方体结合多边形建模工具，对照参考图来塑造身体部分的模型。

（1）打开 3DS MAX，选择一个我们所需要的视图，然后按"Alt+B"组合键，打开 视口背景 对话框，单击 文件... 按钮，在弹出的 选择背景图像 对话框中找到与视图相对应的素材图片，并设置参数如图 5.1.1 所示，分别在前视图和左视图中导入男性人体图片作为参考，效果如图 5.3.1 所示。

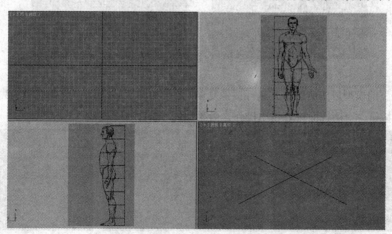

图 5.3.1　导入背景图片

（2）首先，单击 长方体 按钮，在视图中创建一个长方体，如图 5.3.2 所示，并将其转换为可编辑多边形。选择如图 5.3.3 所示的边，单击 连接 按钮，给模型添加细分曲线，效果如图 5.3.4 所示。

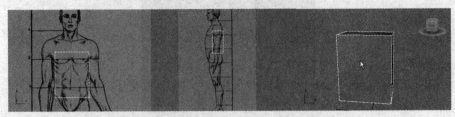

图 5.3.2 创建长方体

图 5.3.3 选择边

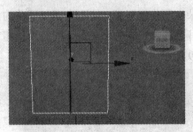

图 5.3.4 连接效果

（3）选择如图 5.3.5 所示的面，单击 挤出 按钮，对所选面进行挤出操作。同时调节模型上的顶点到如图 5.3.6 所示的位置。选择如图 5.3.7 所示的顶点，按 Delete 键删除，效果如图 5.3.8 所示。

图 5.3.5 选择面

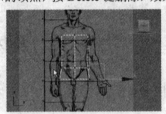

图 5.3.6 调节顶点

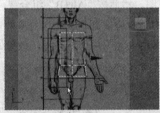

图 5.3.7 选择顶点

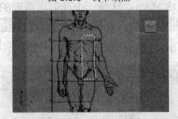

图 5.3.8 删除顶点

（4）对剩下的模型以实例的方式进行镜像复制，效果如图 5.3.9 所示。选择如图 5.3.10 所示的面，单击 挤出 按钮，对所选面进行挤出操作，效果如图 5.3.11 所示。

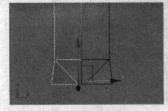

图 5.3.9 镜像复制效果

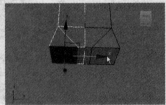

图 5.3.10 选择面

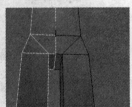

图 5.3.11 挤出效果

（5）同样，选择如图 5.3.12 所示的面，单击 挤出 按钮，对所选面进行挤出操作，效果如图 5.3.13 所示。同时，调节顶点到如图 5.3.14 所示的位置。

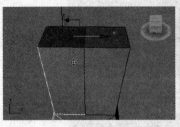 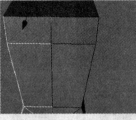 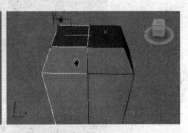

图 5.3.12　选择面　　　　　　图 5.3.13　挤出效果　　　　　　图 5.3.14　调节顶点

（6）选择如图 5.3.15 所示的面，单击 挤出 按钮，对所选面进行挤出操作，同时调节顶点到如图 5.3.16 所示的位置。继续选择如图 5.3.17 所示的面，进行挤出操作，制作出胳膊模型，效果如图 5.3.18 所示。

图 5.3.15　选择面　　　　　　　　图 5.3.16　调节顶点

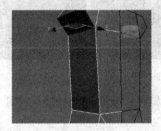 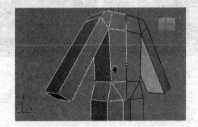

图 5.3.17　选择面　　　　　　　　图 5.3.18　挤出效果

（7）选择如图 5.3.19 所示的面，进行挤出操作，效果如图 5.3.20 所示。然后给模型添加新的细分曲线，并对照参考图进行顶点的调节，效果如图 5.3.21 所示。

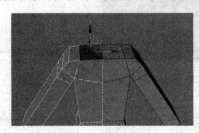 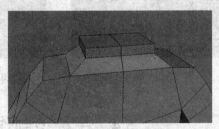 

图 5.3.19　选择面　　　　　　图 5.3.20　挤出效果　　　　　　图 5.3.21　调节效果

（8）下面来制作肚脐眼模型。首先，选择如图 5.3.22 所示的顶点，单击 切角 按钮，对所选顶点进行切角操作，效果如图 5.3.23 所示。接下来给模型添加如图 5.2.24 所示的细分曲线，同时调节顶点到如图 5.3.25 所示的位置。

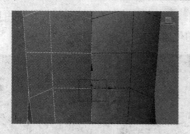

图 5.3.22　选择顶点

图 5.3.23　切角效果

图 5.3.24　添加细分曲线

图 5.3.25　调节顶点

（9）选择如图 5.3.26 所示的面，单击 ▭倒角 按钮，对所选面进行倒角操作，效果如图 5.3.27 所示。然后将多余的面进行删除，同时调节顶点到如图 5.3.28 所示的位置。

图 5.3.26　选择面

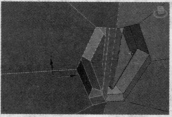

图 5.3.27　倒角效果

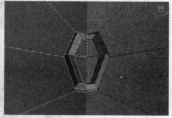

图 5.3.28　调节顶点

（10）接下来，继续在模型上添加细分曲线，然后调节人体的肌肉结构，效果如图 5.3.29 所示。细分曲面后的效果如图 5.3.30 所示。

图 5.3.29　调节效果

图 5.3.30　细分曲面效果

5.4　手模型制作

本节中制作手的模型。

（1）首先，将手的参考图导入视图中作为参考背景。单击 ▭长方体 按钮，在顶视图中创建一个长方体，如图 5.4.1 所示。

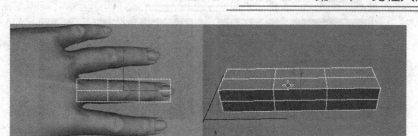

图 5.4.1 创建长方体

（2）单击鼠标右键，在弹出的快捷菜单中选择 转换为可编辑多边形 选项，将模型转换为可编辑多边形。选择如图 5.4.2 所示的顶点，用缩放工具等比例向内调节顶点，效果如图 5.4.3 所示。然后调节指尖位置的顶点，效果如图 5.4.4 所示。

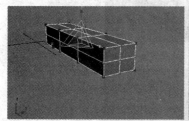

图 5.4.2 选择顶点

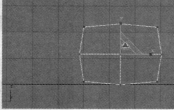

图 5.4.3 调节顶点

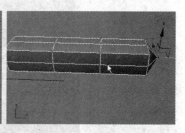

图 5.4.4 调节指尖顶点

（3）选择手指关节位置的一圈边，如图 5.4.5 所示，单击 切角 □ 后面的小按钮，在弹出的 ‖切角 对话框中设置参数如图 5.4.6 所示，效果如图 5.4.7 所示。使用同样的方法，将第一节指关节的边进行切角操作，如图 5.4.8 所示。

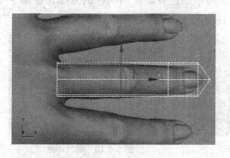

图 5.4.5 选择边

图 5.4.6 设置切角参数

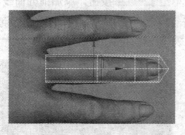

图 5.4.7 切角效果

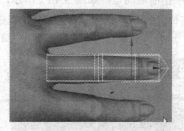

图 5.4.8 切角效果

（4）调节顶点到如图 5.4.9 所示的位置。单击 切割 按钮，在指关节的周围切割细分曲线，如图 5.4.10 所示。

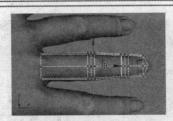
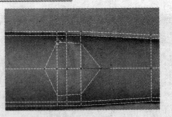

图 5.4.9　调节顶点　　　　　　　　　图 5.4.10　切割细分曲线

（5）选择关节处的边线，如图 5.4.11 所示，单击 连接 按钮，添加细分曲线，效果如图 5.4.12 所示。选择如图 5.4.13 所示的边，单击 连接 按钮添加细分曲线，效果如图 5.4.14 所示。

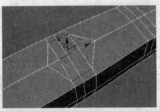
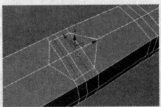

图 5.4.11　选择边　　　　　　　　　图 5.4.12　连接效果

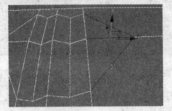
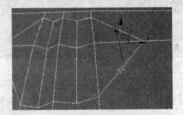

图 5.4.13　选择边　　　　　　　　　图 5.4.14　连接效果

（6）调节关节处的顶点到如图 5.4.15 所示的位置。使用同样的方法，在第一个指关节处添加细分曲线，并且调节顶点的位置，如图 5.4.16 所示。

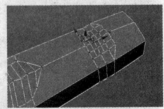

图 5.4.15　调节顶点　　　　　　　　　图 5.4.16　调节顶点

（7）选择手指前端的边，如图 5.4.17 所示，单击 连接 按钮，添加细分曲线，如图 5.4.18 所示。选择指甲盖位置的面，如图 5.4.19 所示，单击 倒角 按钮，对选择的面进行倒角操作，效果如图 5.4.20 所示；然后将倒角后的面旋转到如图 5.4.21 所示的位置。

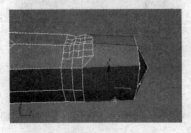
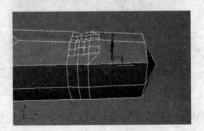

图 5.4.17　选择边　　　　　　　　　图 5.4.18　连接效果

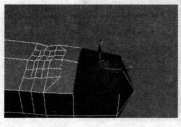  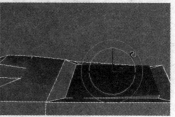

图 5.4.19 选择面   图 5.4.20 倒角效果   图 5.4.21 旋转效果

（8）调节指甲上的边到如图 5.4.22 所示的位置；单击鼠标右键，在弹出的快捷菜单中选择 `NURMS 切换` 命令，将模型平滑显示，然后进一步调节指甲的形状，效果如图 5.4.23 所示。

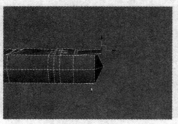 

图 5.4.22 调节边   图 5.4.23 平滑显示

（9）退出子物体层级，按住 Shift 键移动手指模型，复制出一个手指模型，然后将模型调节到对应的位置和大小，如图 5.4.24 所示。使用同样的方法，复制并调节出其他手指。

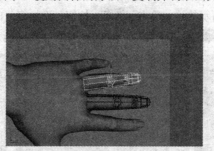

图 5.4.24 复制并调节手指模型

（10）选择复制出的大拇指模型，选择模型上第一个关节上的边，如图 5.4.25 所示，单击 `移除` 按钮，将选择的边移除；然后选择删除边后留下的顶点，如图 5.4.26 所示，单击 `移除` 按钮移除。将模型调节到大拇指对应的大小和位置，如图 5.4.27 所示。使用旋转工具将大拇指调节到如图 5.4.28 所示的位置。

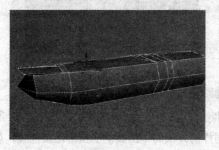 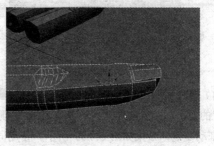

图 5.4.25 选择边   图 5.4.26 选择顶点

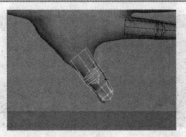

图 5.4.27 调节大拇指位置和大小

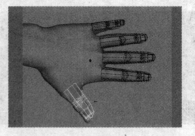

图 5.4.28 旋转效果

（11）下面来制作手掌模型，单击 长方体 按钮，在顶视图中创建一个长方体，如图 5.4.29 所示。

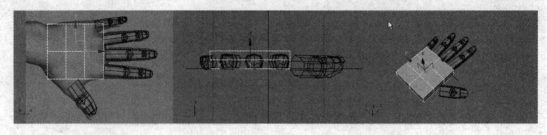

图 5.4.29 创建长方体

（12）单击鼠标右键，在弹出的快捷菜单中选择 转换为可编辑多边形 选项，将模型转换为可编辑多边形。将手掌模型调节到如图 5.4.30 所示的形状。

（13）选择如图 5.4.31 所示的边，单击 连接 按钮，添加细分曲线，如图 5.4.32 所示。选择如图 5.4.33 所示的边，单击 连接 按钮添加细分曲线，如图 5.4.34 所示。

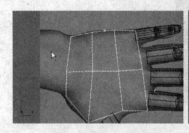

图 5.4.30 调节手掌形状

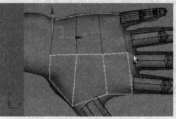

图 5.4.31 选择边

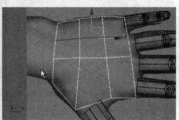

图 5.4.32 连接效果

图 5.4.33 选择边

图 5.4.34 连接效果

（14）选择如图 5.4.35 所示的边，单击 连接 按钮添加细分曲线，如图 5.4.36 所示。选择连接手指位置的面，如图 5.4.37 所示，按 Delete 键删除。选择删除边后的边界，如图 5.4.38 所示，按住 Shift 键拖动复制，效果如图 5.4.39 所示。使用同样的方法制作出其他手指的连接位置，如图 5.4.40 所示。

图 5.4.35 选择边

图 5.4.36 连接效果 图 5.4.37 选择面

图 5.4.38 选择边界

图 5.4.39 复制效果

图 5.4.40 制作其他手指连接位置

（15）选择一个手指模型，单击 附加 按钮，依次单击其他手指模型和手掌模型，将手部模型附加在一起，如图 5.4.41 所示。切换到点级别，单击 目标焊接 按钮，焊接手指与手掌之间的顶点，如图 5.4.42 所示。

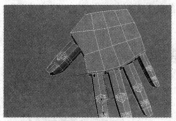

图 5.4.41 附加效果

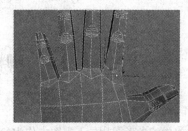

图 5.4.42 焊接顶点

（16）选择如图 5.4.43 中所示的面，按 Delete 键删除，如图 5.4.44 所示。切换到点级别，单击鼠标右键，在弹出的快捷菜单中选择 剪切 命令，在手背上切出细分曲线，效果如图 5.4.45 所示。同时调节顶点到如图 5.4.46 所示的位置。

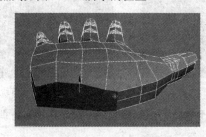

图 5.4.43 选择面

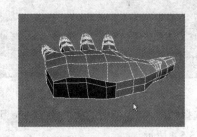

图 5.4.44 删除面

图 5.4.45 剪切效果

图 5.4.46 调节顶点

（17）单击鼠标右键，在弹出的快捷菜单中选择 剪切 命令，在手心位置根据手纹的纹理，切出细分曲线，效果如图 5.4.47 所示。同时，调节顶点到如图 5.4.48 所示的位置。

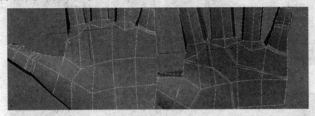
图 5.4.47　剪切效果

图 5.4.48　调节顶点

（18）继续对手部的顶点进行调节，塑造出手的细节，细分曲面效果如图 5.4.49 所示。

图 5.4.49　手的最终效果

5.5　脚模型制作

本节中制作脚的模型。

（1）首先将脚的参考图片导入视图中作为参考背景，单击 长方体 按钮，在场景中创建一个如图 5.5.1 所示的长方体。然后将长方体转换为可编辑多边形，同时调节顶点到如图 5.5.2 所示的位置。

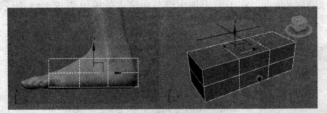
图 5.5.1　创建长方体

图 5.5.2　调节顶点

（2）选择如图 5.5.3 所示的面，按 Delete 键删除。然后选择顶点继续对模型进行调节，调节后的效果如图 5.5.4 所示。

图 5.5.3　选择面

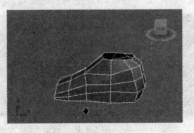
图 5.5.4　调节效果

（3）在模型上添加新的细分曲线并进行调节，效果如图 5.5.5 所示。选择如图 5.5.6 所示的面，按 Delete 键删除。选择如图 5.5.7 所示的边界，按着 Shift 键向外拉伸并调节，效果如图 5.5.8 所示。接下来，使用同样的方法对其他面进行调节，最终效果如图 5.5.9 所示。

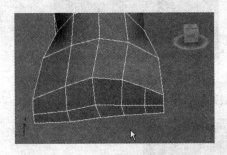

图 5.5.5　添加细分曲线

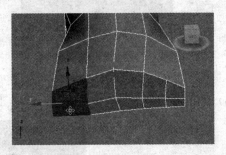

图 5.5.6　选择面

图 5.5.7　选择边界

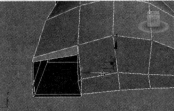

图 5.5.8　复制边界并调节顶点

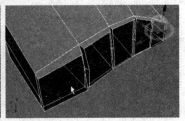

图 5.5.9　复制边界并调节顶点

　　（4）选择如图 5.5.10 所示的边界，按着 Shift 键对照参考图进行多次拉伸并调节，单击 封口 按钮进行封口操作，这样就制作出脚趾的模型了，如图 5.5.11 所示。接下来对照参考图，对脚趾上的顶点进行调节，效果如图 5.5.12 所示。

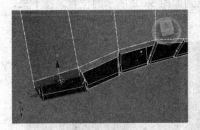

图 5.5.10　选择边界

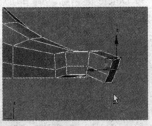

图 5.5.11　复制边界并调节顶点

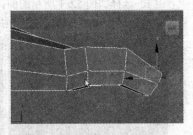

图 5.5.12　调节顶点

　　（5）选择如图 5.5.13 所示的面，单击 倒角 按钮，对选择的面进行倒角操作，效果如图 5.5.14 所示。选择如图 5.5.15 所示的边进行拉伸，制作出指甲模型，效果如图 5.5.16 所示。

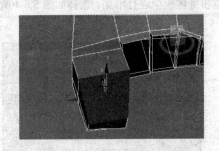

图 5.5.13　选择面

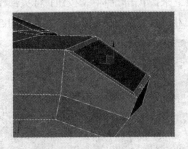

图 5.5.14　倒角效果

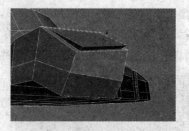

图 5.5.15　选择边　　　　　　　　　　　图 5.5.16　调节边

（6）使用同样的方法制作出其他脚趾模型，最终的效果如图 5.5.17 所示。

图 5.5.17　脚模型

5.6　合 并 模 型

最后，我们对制作好的各部分模型进行合并。将制作好的头、手和脚模型与身体模型进行合并，主要使用到桥工具。

（1）选择如图 5.6.1 所示的面，按 Delete 键删除。调节顶点到如图 5.6.2 所示的位置。接下来，导入头部模型并调节到如图 5.6.3 所示的位置。

　　图 5.6.1　选择面　　　　　　　图 5.6.2　调节顶点　　　　　　图 5.6.3　导入头部模型

（2）接下来，单击 附加 按钮，将头部模型和身体模型进行附加。选择如图 5.6.4 所示的边界，单击 桥 按钮，进行桥接操作，效果如图 5.6.5 所示。

　　　　图 5.6.4　选择边界　　　　　　　　　　图 5.6.5　桥接效果

（3）接下来，使用同样的方法将手和脚也与身体进行合并，在模型上进行切割和加线处理，使人物更加精致，效果如图 5.6.6 所示。光滑后的效果如图 5.6.7 所示。

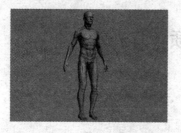

图 5.6.6　最终合并效果

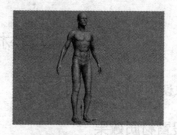

图 5.6.7　光滑效果

5.7　制作头发效果

在本节中制作男性人体模型中的头发效果，在此给该人物制作一个鸡冠头发型。

（1）选择如图 5.7.1 所示的面，按住 Shift 键向上拖动，在弹出的 **克隆部分网格** 对话框中设置选项如图 5.7.2 所示，克隆出新的模型，并调节到如图 5.7.3 所示的位置。

图 5.7.1　选择面

图 5.7.2　"克隆部分网格"对话框

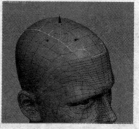

图 5.7.3　克隆效果

（2）选择克隆出来的模型，在修改命令面板的 修改器列表 下拉菜单中选择 **Hair 和 Fur (WSM)** 选项，在修改命令面板中设置参数如图 5.7.4 所示。此时的头发效果如图 5.7.5 所示。

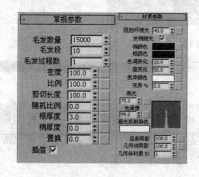

图 5.7.4　设置毛发参数

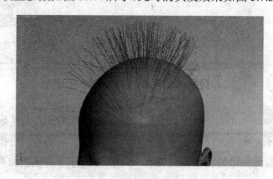

图 5.7.5　头发效果

  Tips ● ● ●

"选择"卷展栏提供了各种工具，用于访问不同的子对象层级和显示设置以及创建与修改选定内容，此外还显示了与选定实体有关的信息。

在对某对象初次应用"头发和毛发"修改器时，整个对象都将受到修改器的影响。通过访问子对象层级并作出选择，可指定对象局部生长毛发。

5.8 设置材质、灯光效果

在本节中来设置场景的材质、灯光效果。

5.8.1 设置材质效果

在这一小节中来设置人物的材质效果。

（1）首先，设置人体的皮肤材质。按 M 键打开材质编辑器，选择一个空白的材质球，设置明暗器类型为 **(ML)多层** 方式，在漫反射通道中添加一个衰减贴图，在衰减贴图的通道 1 和通道 2 中分别添加一个噪波贴图；设置第一高光反射层颜色为浅黄色，设置第二高光反射层颜色为蓝色，具体参数设置如图 5.8.1 所示。

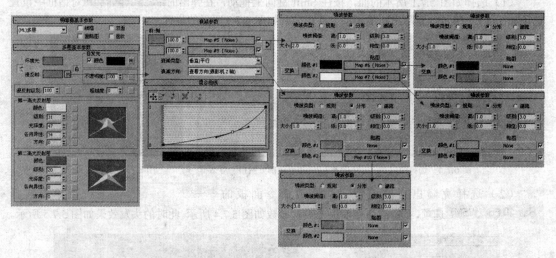

图 5.8.1 设置皮肤材质（1）

提 示 Tips ●●●

"衰减"贴图基于几何体曲面上面法线的角度衰减来生成从白到黑的值，用于指定角度衰减的方向会随着所选的方法而改变。然而，根据默认设置，贴图会在法线从当前视图指向外部的面上生成白色，而在法线与当前视图相平行的面上生成黑色。

（2）打开 **贴图** 卷展栏，在自发光通道中添加一个衰减贴图，在衰减贴图的通道 1 中添加一个衰减贴图，继续在次一级衰减贴图的通道 1 中添加一个噪波贴图，具体参数设置如图 5.8.2 所示。

（3）单击 按钮返回最上层，在 **贴图** 卷展栏中的凹凸通道中添加一个细胞贴图，在 **细胞参数** 卷展栏中的细胞颜色通道中添加一个噪波贴图；单击 按钮返回最上层，设置凹凸贴图数量为 5，具体参数设置如图 5.8.3 所示。

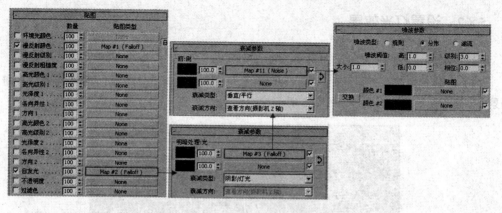

图 5.8.2 设置皮肤材质（2）

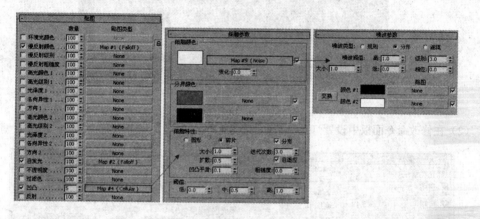

图 5.8.3 设置皮肤材质（3）

 Tips ● ● ●

　　"材质编辑器"示例窗不能很清楚地展现细胞效果。为了更好地帮您看清楚希望获得的效果，将贴图指定为几何体，然后渲染场景。

　　（4）下面来设置眼睛材质。按 M 键打开材质编辑器，选择一个空白的材质球，在漫反射通道中添加一张眼睛贴图。设置高光级别为 57，设置光泽度为 36，参数设置如图 5.8.4 所示。

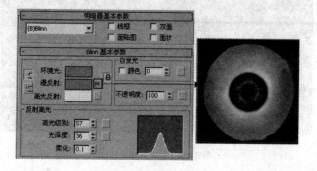

图 5.8.4 设置眼睛材质

5.8.2 设置灯光效果

在这一小节中来设置场景的灯光效果。

（1）在 创建命令面板的 区域选择 标准 类型，单击 目标聚光灯 按钮，在场景中创建一盏目标聚光灯，如图 5.8.5 所示。

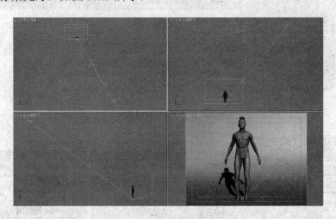

图 5.8.5 创建目标聚光灯

（2）在修改命令面板中设置灯光参数如图 5.8.6 所示。

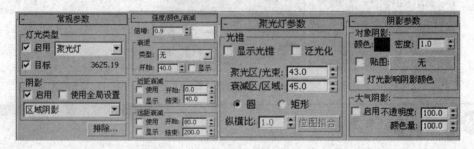

图 5.8.6 设置灯光参数

（3）单击 目标聚光灯 按钮，在场景中创建另外一盏目标聚光灯，如图 5.8.7 所示。

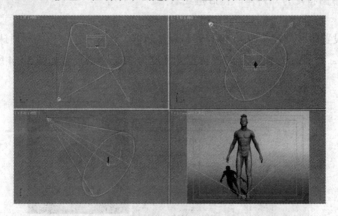

图 5.8.7 创建目标聚光灯

（4）在修改命令面板中设置灯光参数如图 5.8.8 所示。

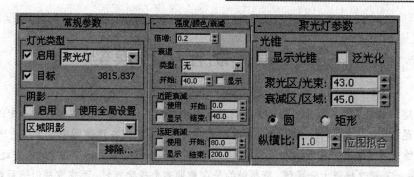

图 5.8.8 设置灯光参数

（5）将设置好的材质指定给人体模型，按 F9 进行渲染，效果如图 5.0.1 所示。

本 章 小 结

　　本章我们使用轮廓线来制作五官的外框。这样制作的优点是可以准确地以曲线来约束片的生成，因为成年人的面部特征是非常明显的。身体和四肢模型用边线复制边线的方法制作，方法不是固定的，读者可以研究和尝试使用多种方法制作人体模型。

第 6 章　制作小孩模型

　　在开始建初级的头时，即书中制作脸部的基本网格结构，可以放心大胆地按照书中的步骤进行，不必过分拘泥于模型中的那个点和书中的有什么差异，因为很可能在这张图中这个点是这样摆的，而你调了很久终于看上去和书中没太大差距，但下一张图这个点就会在另一个位置，也许还跟上一张相差很远。如果一直都这样调十分麻烦。需要做的是在前期有个轮廓就好，而在完成时进行细致的调整，甚至完全可以把他的阶段模型合并进来对照调节。

　　在做眼睛的时候，建议用个大小合适的球来给球形眼睑做参考，一是为了头部整体的效果，二是为了在以后做睁眼的角色动画时，眼球的比较好对位。鼻子注意调好比例，没什么太大的麻烦。

本章知识重点

➤ 了解小孩的身体比例和肌肉效果。

➤ 了解布线疏密关系在建模过程中的重要性。

➤ 透过各种布线图来分析布线的技巧和规律。

➤ 建立复杂模型时如何处理令人头痛的三角面和多边面。

➤ 透过三视图约束模型的基本形状，并使用各种多边形编辑工具对小孩身体的细节进行深入刻画。

➤ 掌握小孩模型中头发的制作方法。

本章制作一个小孩的模型，渲染效果如图 6.0.1 所示。

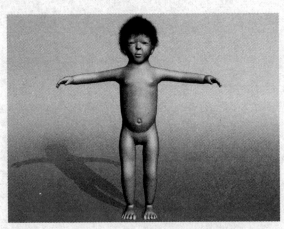

图 6.0.1　小孩渲染效果

6.1　头　部　建　模

　　在这一节中我们来学习角色的头部建模，最终渲染效果如图 6.1.1 所示。

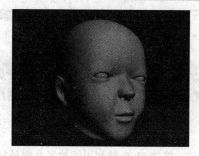

图 6.1.1 头部效果

6.1.1 制作眼睛模型

在这一小节中制作眼睛模型。

（1）首先将处理好的参考图片导入视图中作为背景图片，如图 6.1.2 所示。

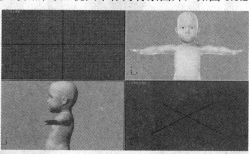

图 6.1.2 导入参考图片

（2）在 创建命令面板的 区域，选择 样条线 类型，单击 线 按钮，在视图中创建一条闭合曲线，如图 6.1.3 所示。调节曲线上的点到如图 6.1.4 所示的位置。单击鼠标右键，在弹出的快捷菜单中选择 细化 选项，在曲线上添加节点，并调节曲线上的点到如图 6.1.5 所示的位置。单击鼠标右键，在弹出的快捷菜单中选择 转换为可编辑多边形 选项，将曲线转换为可编辑多边形，如图 6.1.6 所示。

图 6.1.3 创建闭合曲线

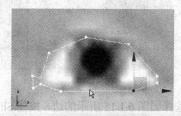

图 6.1.4 调节节点

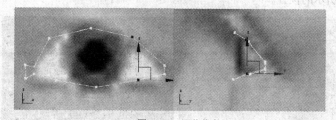

图 6.1.5 调节节点

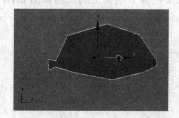

图 6.1.6 转换为可编辑多边形

Tips ● ● ●

在细化操作过程中单击现有的顶点，此时，3DS MAX 会显示一个对话框，询问是否要细化或连接到顶点。如果选择"连接"，3DS MAX 将不会创建顶点，它只是连接到现有的顶点。

（3）选择如图 6.1.7 所示的边，按住 Shift 键利用缩放工具向外拖动，复制出如图 6.1.8 所示的边沿。调节模型上的点到如图 6.1.9 所示的位置。选择如图 6.1.10 所示的面，按 Delete 键删除，如图 6.1.11 所示。

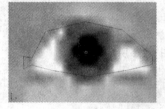
图 6.1.7 选择边

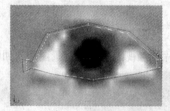
图 6.1.8 复制效果

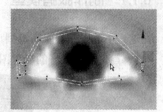
图 6.1.9 调节节点

图 6.1.10 选择面

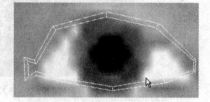
图 6.1.11 删除面

（4）选择如图 6.1.12 所示的边，按住 Shift 键利用缩放工具向外拖动，复制出如图 6.1.13 所示的边沿。打开细分，调节模型上的节点到如图 6.1.14 所示的位置。

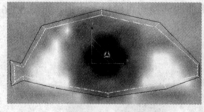
图 6.1.12 选择边

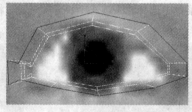
图 6.1.13 复制效果

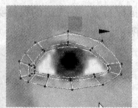
图 6.1.14 调节节点

（5）选择如图 6.1.15 所示的边，按住 Shift 键利用缩放工具向外拖动，复制出如图 6.1.16 所示的边沿。调节模型上的点到如图 6.1.17 所示的位置。

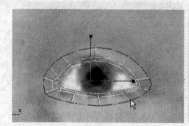
图 6.1.15 选择边

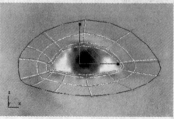
图 6.1.16 复制效果

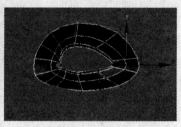
图 6.1.17 调节节点

（6）选择如图 6.1.18 所示的边，按住 Shift 键利用缩放工具向外拖动，复制出如图 6.1.19 所示的边沿。调节模型上的点到如图 6.1.20 所示的位置。

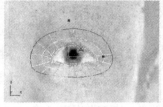 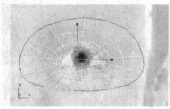 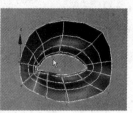

图 6.1.18　选择边　　　　　　图 6.1.19　复制效果　　　　　　图 6.1.20　调节节点

（7）关闭细分，选择如图 6.1.21 所示的边，单击 连接 按钮，添加细分曲线，如图 6.1.22 所示。选择如图 6.1.23 所示的边，单击 连接 按钮，添加细分曲线，如图 6.1.24 所示。

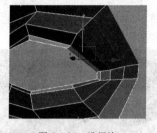 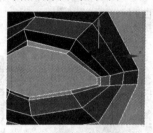

图 6.1.21　选择边　　　　　　图 6.1.22　连接效果

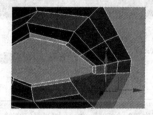 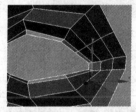

图 6.1.23　选择边　　　　　　图 6.1.24　连接效果

（8）打开细分，调节模型上的点到如图 6.1.25 所示的位置。选择如图 6.1.26 所示的边，按住 Shift 键，利用缩放工具向外拖动，复制出如图 6.1.27 所示的边沿。调节模型上的点到如图 6.1.28 所示的位置。

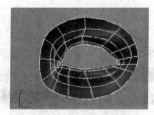 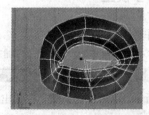

图 6.1.25　调节节点　　　　　　图 6.1.26　选择边

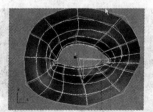 

图 6.1.27　复制效果　　　　　　图 6.1.28　调节节点

（9）选择如图 6.1.29 所示的边，按住 Shift 键利用缩放工具向外拖动，复制出如图 6.1.30 所示的边沿。调节模型上的点到如图 6.1.31 所示的位置。

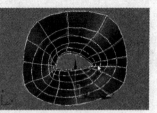

图 6.1.29　选择边　　　　　图 6.1.30　复制效果　　　　　图 6.1.31　调节节点

（10）选择眼睛模型，在菜单栏中单击 按钮，在弹出的 **镜像：世界 坐标** 对话框中设置参数如图 6.1.32 所示，沿 X 轴实例镜像所选模型，如图 6.1.33 所示。

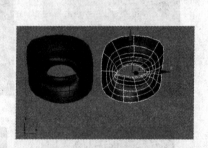

图 6.1.32　设置镜像参数　　　　　　　图 6.1.33　镜像效果

  Tips ● ● ●

选择不同的子物体级后，可编辑多边形面板都会添加与之相应的编辑卷展栏，这在后面的部分将进行讲解。

6.1.2　制作鼻子模型

在这一小节中制作鼻子模型。

（1）在创建命令面板的 区域，选择 标准基本体 类型，单击 长方体 按钮，在视图中创建一个长方体模型，在修改命令面板的 参数 卷展栏中设置参数如图 6.1.34 所示，模型显示如图 6.1.35 所示。单击鼠标右键，在弹出的快捷菜单中选择 转换为可编辑多边形 选项，将模型转换为可编辑多边形。

6

图 6.1.34　设置长方体参数　　　　　图 6.1.35　长方体效果

（2）选择如图 6.1.36 所示的面，按 Delete 键删除，如图 6.1.37 所示。单击■按钮，在弹出的
镜像：世界 坐标 对话框中设置参数如图 6.1.38 所示，沿 X 轴实例镜像所选模型，效果如图 6.1.39 所示。

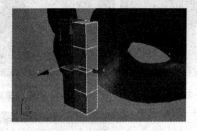

图 6.1.36　选择面

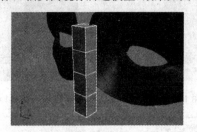

图 6.1.37　删除面

图 6.1.38　设置镜像参数

图 6.1.39　镜像效果

（3）选择如图 6.1.40 所示的面，按 Delete 键删除，如图 6.1.41 所示。调节模型上的点到如图 6.1.42
所示的位置。

图 6.1.40　选择面

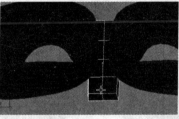

图 6.1.41　删除面

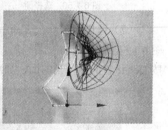

图 6.1.42　调节节点

（4）选择如图 6.1.43 所示的面，单击 挤出 □ 后面的小按钮，在弹出的对话框中设置参数如
图 6.1.44 所示，单击 ⊕ 按钮，继续在对话框中设置参数如图 6.1.45 所示，挤出效果如图 6.1.46
所示。

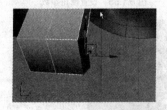

图 6.1.43　选择面

图 6.1.44　设置挤出参数

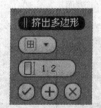

图 6.1.45　设置挤出参数

图 6.1.46　挤出效果

（5）调节模型上的点到如图 6.1.47 所示的位置。选择如图 6.1.48 所示的边，单击 连接 按钮，
添加细分曲线，如图 6.1.49 所示。

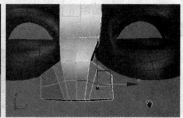

　　　　　图 6.1.47　调节节点　　　　　　　　　图 6.1.48　选择边　　　　　　　　　图 6.1.49　连接效果

  Tips ● ● ●

　　　　只能连接同一多边形上的边。此外，连接不会让新的边交叉。举例来说，如果选择四边形的全部四个边，然后单击"连接"，则只连接邻边，会生成菱形图案。

　　（6）选择如图 6.1.50 所示的面，按 Delete 键删除，如图 6.1.51 所示。调节模型上的点到如图 6.1.52 所示的位置。

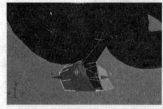

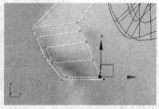

　　　　　图 6.1.50　选择面　　　　　　　　　图 6.1.51　删除面　　　　　　　　　图 6.1.52　调节节点

　　（7）选择如图 6.1.53 所示的面，单击 倒角 □ 后面的小按钮，在弹出的对话框中设置参数如图 6.1.54 所示，单击⊕按钮，继续在对话框中设置参数如图 6.1.55 所示，倒角效果如图 6.1.56 所示。按 Delete 键删除倒角的面，如图 6.1.57 所示。

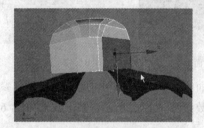

　　　　　图 6.1.53　选择面　　　　　　　　　图 6.1.54　设置倒角参数　　　　　　　图 6.1.55　设置倒角参数

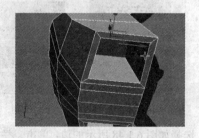

　　　　　　　　图 6.1.56　倒角效果　　　　　　　　　　　　　　图 6.1.57　删除面

　　（8）选择如图 6.1.58 所示的边，单击 连接 按钮，添加细分曲线，如图 6.1.59 所示。选择如

图 6.1.60 所示的边，调节到如图 6.1.61 所示的位置。

图 6.1.58　选择边

图 6.1.59　连接效果

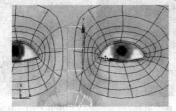

图 6.1.60　选择边

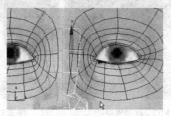

图 6.1.61　调节边

（9）调节模型上的点到如图 6.1.62 所示的位置。选择如图 6.1.63 所示的边，单击 连接 按钮，添加细分曲线并调节到如图 6.1.64 所示的位置。

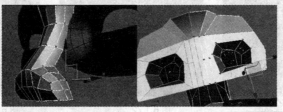

图 6.1.62　调节节点

图 6.1.63　选择边

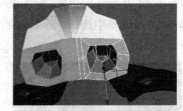

图 6.1.64　调节边

（10）调节模型上的点到如图 6.1.65 所示的位置。单击鼠标右键，在弹出的快捷菜单中选择 剪切 选项，在模型上切割细分曲线，如图 6.1.66 所示。打开细分，调节模型上的点到如图 6.1.67 所示的位置。

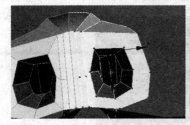

图 6.1.65　调节节点

图 6.1.66　剪切效果

图 6.1.67　调节节点

Tips ● ● ●

为了提高准确性，请使用具有"剪切"作用的"捕捉"功能。要等分边，请将捕捉设置为捕捉到中点；要在顶点上开始或结束剪切，请将捕捉设置为捕捉到顶点或端点。

（11）选择如图 6.1.68 所示的模型，按 Delete 键删除，如图 6.1.69 所示。单击 附加 按钮附加模型，效果如图 6.1.70 所示。

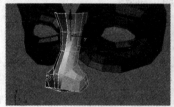 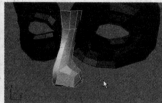 

图 6.1.68　选择模型　　　　　　图 6.1.69　删除模型　　　　　　图 6.1.70　附加效果

（12）选择如图 6.1.71 所示的面，按 Delete 键删除，如图 6.1.72 所示。单击 目标焊接 按钮焊接节点，效果如图 6.1.73 所示。

  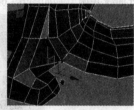

图 6.1.71　选择面　　　　　　　图 6.1.72　删除面　　　　　　　图 6.1.73　焊接节点

（13）选择如图 6.1.74 所示的边界，单击 封口 按钮进行封口，效果如图 6.1.75 所示。单击鼠标右键，在弹出的快捷菜单中选择 剪切 选项，在模型上切割细分曲线，如图 6.1.76 所示，细分后的效果如图 6.1.77 所示。

图 6.1.74　选择边界　　　　　　　　　　图 6.1.75　封口效果

图 6.1.76　剪切效果　　　　　　　　　　图 6.1.77　细分曲面效果

6.1.3　嘴巴模型及头部轮廓的制作

在这一小节中制作嘴巴模型以及头部模型的大体轮廓。

（1）在 创建命令面板的 区域，选择 样条线 类型，单击 线 按钮，在视图中创建一条闭合曲线，如图 6.1.78 所示。调节曲线上的点到如图 6.1.79 所示的位置。单击鼠标右键，在弹出的快捷菜单中选择 转换为可编辑多边形 选项，将模型转换为可编辑多边形。

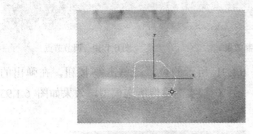
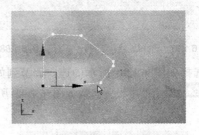

图 6.1.78　创建闭合曲线　　　　图 6.1.79　调节节点

（2）选择如图 6.1.80 所示的边，按住 Shift 键利用缩放工具向外拖动，复制出如图 6.1.81 所示的边沿。选择如图 6.1.82 所示的面，按 Delete 键删除。

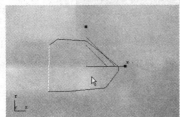
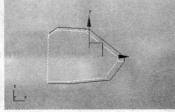

图 6.1.80　选择边　　　　图 6.1.81　复制效果　　　　图 6.1.82　选择面

（3）调节模型上的点到如图 6.1.83 所示的位置。选择如图 6.1.84 所示的边，按住 Shift 键利用缩放工具向外拖动，复制出如图 6.1.85 所示的边沿。调节模型上的点到如图 6.1.86 所示的位置。

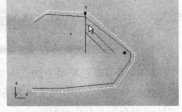

图 6.1.83　调节节点　　　　图 6.1.84　选择边

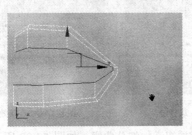
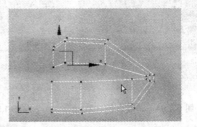

图 6.1.85　复制效果　　　　图 6.1.86　调节节点

（4）选择如图 6.1.87 所示的边，按住 Shift 键利用缩放工具向外拖动，复制出如图 6.1.88 所示的边沿。调节模型上的点到如图 6.1.89 所示的位置。

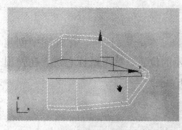
图 6.1.87 选择边

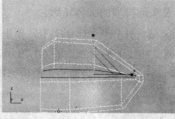
图 6.1.88 复制效果

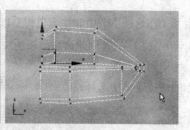
图 6.1.89 调节节点

（5）选择如图 6.1.90 所示的边，调节到如图 6.1.91 所示的位置。单击 按钮，在弹出的 **镜像:屏幕 坐标** 对话框中设置参数如图 6.1.92 所示，沿 X 轴实例镜像所选模型，效果如图 6.1.93 所示。

图 6.1.90 选择边

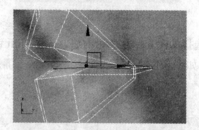
图 6.1.91 调节边

图 6.1.92 设置镜像参数

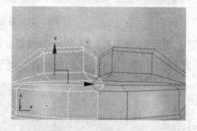
图 6.1.93 镜像效果

（6）调节嘴巴模型上的点到如图 6.1.94 所示的位置。选择如图 6.1.95 所示的边，单击 **连接** 按钮添加细分曲线，如图 6.1.96 所示。

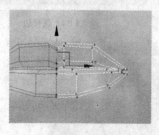
图 6.1.94 调节节点

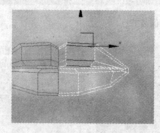
图 6.1.95 选择边

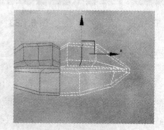
图 6.1.96 连接效果

（7）选择如图 6.1.97 所示的边，单击 **连接** 按钮添加细分曲线，如图 6.1.98 所示。选择如图

6.1.99 所示的点，单击 连接 按钮连接所选择的点，如图 6.1.100 所示。

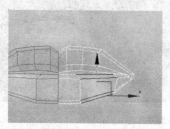
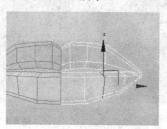

图 6.1.97 选择边　　　　　　　图 6.1.98 连接效果

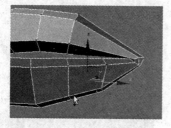
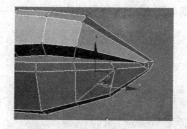

图 6.1.99 选择节点　　　　　　图 6.1.100 连接节点

（8）选择如图 6.1.101 所示的边，按退格键删除，如图 6.1.102 所示。选择如图 6.1.103 所示的边界，按住 Shift 键向外拖动，复制出如图 6.1.104 所示的边沿，打开细分，调节模型上的点到如图 6.1.105 所示的位置。

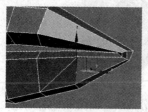
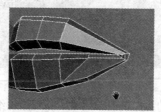
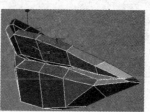

图 6.1.101 选择边　　　　图 6.1.102 移除边　　　　图 6.1.103 选择边界

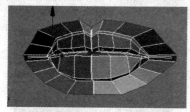

图 6.1.104 复制效果　　　　　　图 6.1.105 调节节点

（9）选择如图 6.1.106 所示的边，按住 Shift 键向外拖动，复制出如图 6.1.107 所示的边沿，调节模型上的点到如图 6.1.108 所示的位置。

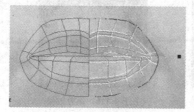
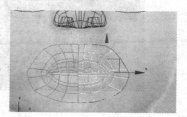

图 6.1.106 选择边　　　　　　　图 6.1.107 复制效果

图 6.1.108　调节节点

（10）选择如图 6.1.109 所示的边，按住 Shift 键向外拖动，复制出如图 6.1.110 所示的边沿，调节模型上的点到如图 6.1.111 所示的位置。

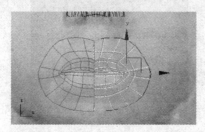
图 6.1.109　选择边

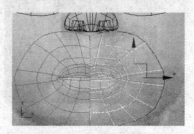
图 6.1.110　复制效果

图 6.1.111　调节节点

（11）选择如图 6.1.112 所示的边，单击 连接 按钮添加细分曲线，如图 6.1.113 所示。单击 附加 按钮合并模型，如图 6.1.114 所示。单击 目标焊接 按钮焊接节点，打开细分，效果如图 6.1.115 所示。

图 6.1.112　选择边

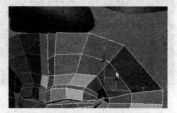
图 6.1.113　连接效果

图 6.1.114　附加效果

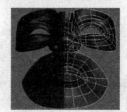
图 6.1.115　细分效果

（12）选择如图 6.1.116 所示的边，按住 Shift 键利用缩放工具向外拖动，复制出如图 6.1.117 所示的边沿。调节模型上的点到如图 6.1.118 所示的位置。

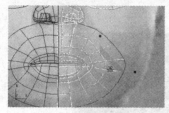
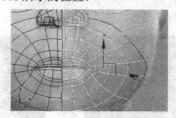

图 6.1.116　选择边　　　　　　　　图 6.1.117　复制效果　　　　　　　　图 6.1.118　调节节点

  Tips ● ● ●

　　可以选择一个顶点，并将它焊接到相邻目标顶点。"目标焊接"只焊接成对的连续顶点；也就是说，顶点有一个边相连。在"目标焊接"模式中，当鼠标光标处在顶点之上时，它会变成+光标。单击然后移动鼠标，一条橡皮筋虚线将该顶点与鼠标光标连接。将光标放在其他附近的顶点之上，当再出现+光标时，单击鼠标，此时，第一个顶点将会移动到第二个顶点的位置，从而将这两个顶点焊接在一起，并且自动退出"目标焊接"模式。

　　（13）选择如图 6.1.119 所示的边，按住 Shift 键向下拖动，复制出如图 6.1.120 所示的边沿。调节模型上的点到如图 6.1.121 所示的位置。

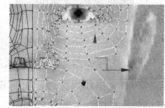

图 6.1.119　选择边　　　　　　　　图 6.1.120　复制效果　　　　　　　　图 6.1.121　调节节点

　　（14）选择如图 6.1.122 所示的边，按住 Shift 键向下拖动，复制出如图 6.1.123 所示的边沿。单击 目标焊接 按钮焊接节点，如图 6.1.124 所示。选择如图 6.1.125 所示的边界，单击 封口 按钮进行封口操作，如图 6.1.126 所示。调节模型上的点到如图 6.1.127 所示的位置。

图 6.1.122　选择边　　　　　　　　图 6.1.123　复制效果　　　　　　　　图 6.1.124　焊接节点

图 6.1.125　选择边界　　　　　　　图 6.1.126　封口效果　　　　　　　　图 6.1.127　调节节点

（15）单击鼠标右键，在弹出的快捷菜单中选择 剪切 命令，在模型上切割细分曲线，如图 6.1.128 所示。单击 目标焊接 按钮焊接节点，效果如图 6.1.129 所示。

图 6.1.128　切割细分曲线　　　　　　图 6.1.129　焊接节点

（16）选择如图 6.1.130 所示的点，按 Delete 键删除，如图 6.1.131 所示。单击 目标焊接 按钮焊接节点，如图 6.1.132 所示。

图 6.1.130　选择节点　　　　图 6.1.131　删除节点　　　　图 6.1.132　焊接节点

（17）选择如图 6.1.133 所示的边，按住 Shift 键向上拖动，复制出如图 6.1.134 所示的边沿。单击 目标焊接 按钮焊接边，如图 6.1.135 所示。

  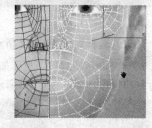

图 6.1.133　选择边　　　　图 6.1.134　复制效果　　　　图 6.1.135　焊接边

（18）选择如图 6.1.136 所示的边，按住 Shift 键向上拖动，复制出如图 6.1.137 所示的边沿。单击 目标焊接 按钮焊接节点，如图 6.1.138 所示。

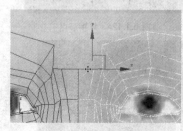  

图 6.1.136　选择边　　　　图 6.1.137　复制效果　　　　图 6.1.138　焊接节点

（19）选择如图 6.1.139 所示的边，按住 Shift 键利用缩放工具向外拖动，复制出如图 6.1.140 所示的边沿。调节模型上的点到如图 6.1.141 所示的位置。

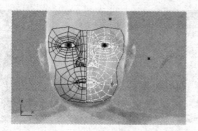

图 6.1.139　选择边

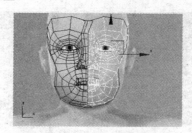

图 6.1.140　复制效果

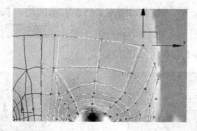

图 6.1.141　调节节点

（20）选择如图 6.1.142 所示的边，按住 Shift 键向外拖动，复制出如图 6.1.143 所示的边沿。调节模型上的点到如图 6.1.144 所示的位置。

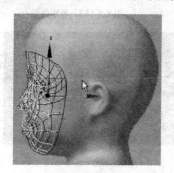

图 6.1.142　选择边

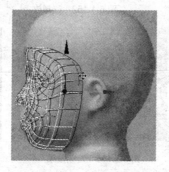

图 6.1.143　复制效果

图 6.1.144　调节节点

（21）选择如图 6.1.145 所示的边，按住 Shift 键向外拖动，复制出如图 6.1.146 所示的边沿。调节模型上的点到如图 6.1.147 所示的位置。

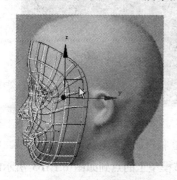

图 6.1.145　选择边

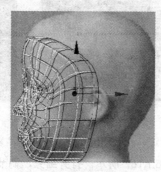

图 6.1.146　复制效果

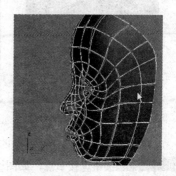

图 6.1.147　调节节点

（22）为了留出制作耳朵的位置，选择如图 6.1.148 所示的点，按 Delete 键删除。选择如图 6.1.149 所示的边，按住 Shift 键向外拖动，复制出如图 6.1.150 所示的边沿。

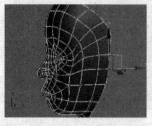
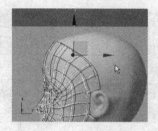
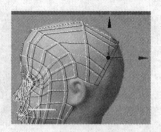

图 6.1.148　选择节点　　　　　图 6.1.149　选择边　　　　　图 6.1.150　复制效果

（23）调节模型上的点到如图 6.1.151 所示的位置。选择如图 6.1.152 所示的边，按住 Shift 键向外拖动，复制出如图 6.1.153 所示的边沿。选择如图 6.1.154 所示的边，单击 ▊连接▊ 按钮添加细分曲线，如图 6.1.155 所示。调节模型上的点到如图 6.1.156 所示的位置。

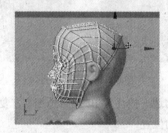

图 6.1.151　调节节点　　　　　图 6.1.152　选择边　　　　　图 6.1.153　复制效果

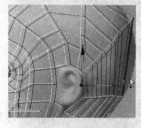
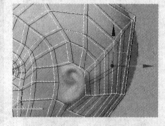

图 6.1.154　选择边　　　　　图 6.1.155　连接效果　　　　　图 6.1.156　调节节点

（24）选择如图 6.1.157 所示的边，按住 Shift 键向外拖动，复制出如图 6.1.158 所示的边沿。单击 ▊目标焊接▊ 按钮焊接节点，如图 6.1.159 所示。

图 6.1.157　选择边　　　　　图 6.1.158　复制效果　　　　　图 6.1.159　焊接节点

（25）选择如图 6.1.160 所示的边，按住 Shift 键向外拖动，复制出如图 6.1.161 所示的边沿。单击 ▊目标焊接▊ 按钮焊接节点，如图 6.1.162 所示。打开细分，调节模型上的点到如图 6.1.163 所示的位置。

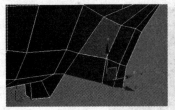

图 6.1.160　选择边

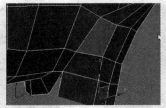

图 6.1.161　复制效果

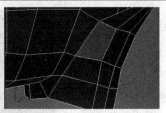

图 6.1.162　焊接节点

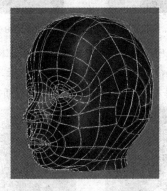

图 6.1.163　调节节点

6.1.4　制作耳朵模型

（1）小孩耳朵模型的制作方法跟男性人体耳朵的制作方法相同，这里就不再赘述了。制作出来的耳朵效果如图 6.1.164 所示。

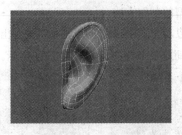

图 6.1.164　耳朵模型

（2）单击 附加 按钮合并模型，如图 6.1.165 所示。单击 目标焊接 按钮焊接节点，如图 6.1.166 所示。调节模型上的点到如图 6.1.167 所示的位置。打开细分，如图 6.1.168 所示。

图 6.1.165　附加模型

图 6.1.166　焊接节点

图 6.1.167　调节节点　　　　　　图 6.1.168　细分效果

（3）在 ✎ 修改命令的下拉菜单中选择 对称 选项，对称头部模型，在 参数 卷展栏中设置参数如图 6.1.169 所示，模型显示如图 6.1.170 所示。调节模型上的点到如图 6.1.171 所示的位置，打开细分，按 M 键打开材质编辑器，给模型附上材质，头部渲染效果如图 6.1.172 所示。

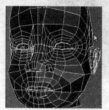

图 6.1.169　设置对称参数　　图 6.1.170　对称效果　　图 6.1.171　调节节点　　图 6.1.172　头部渲染效果

6.2　制作身体模型

在这一节中介绍小孩身体模型的制作方法。

（1）选择如图 6.2.1 所示的边，按住 Shift 键向下拖动，复制出如图 6.2.2 所示的边沿。选择如图 6.2.3 所示的边，单击 连接 按钮添加细分曲线，如图 6.2.4 所示。

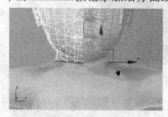
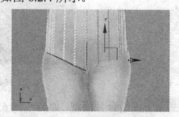

图 6.2.1　选择边　　　　　　图 6.2.2　复制效果

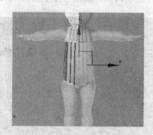
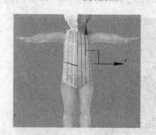

图 6.2.3　选择边　　　　　　图 6.2.4　连接效果

（2）调节模型上的边到如图 6.2.5 所示的位置。选择如图 6.2.6 所示的边，单击 连接 按钮添加细分曲线，如图 6.2.7 所示。调节模型上的点到如图 6.2.8 所示的位置。

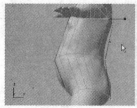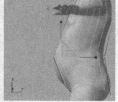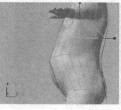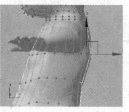

图 6.2.5 调节边　　图 6.2.6 选择边　　图 6.2.7 连接效果　　图 6.2.8 调节节点

（3）选择如图 6.2.9 所示的边，单击 连接 按钮添加细分曲线，如图 6.2.10 所示。选择如图 6.2.11 所示的边，单击 连接 按钮添加细分曲线，如图 6.2.12 所示。

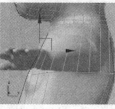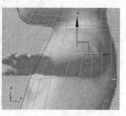

图 6.2.9 选择边　　图 6.2.10 连接效果　　图 6.2.11 选择边　　图 6.2.12 连接效果

（4）调节模型上的点到如图 6.2.13 所示的位置。选择如图 6.2.14 所示的面，按 Delete 键删除。

图 6.2.13 调节节点　　　　　图 6.2.14 选择面

（5）调节模型上的点到如图 6.2.15 所示的位置。选择如图 6.2.16 所示的边，按住 Shift 键向外拖动，复制出如图 6.2.17 所示的边沿。

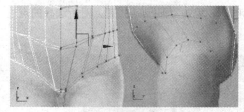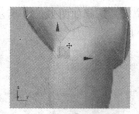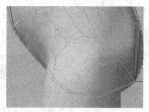

图 6.2.15 调节节点　　　　图 6.2.16 选择边　　　　图 6.2.17 复制效果

（6）单击 目标焊接 按钮焊接边，如图 6.2.18 所示。调节模型上的点到如图 6.2.19 所示的位置。

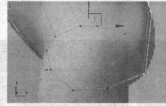

图 6.2.18 焊接节点　　　　　图 6.2.19 调节节点

（7）选择如图 6.2.20 所示的边，按住 Shift 键向外拖动，复制出如图 6.2.21 所示的边沿。选择如图 6.2.22 所示的点，单击 切角 按钮，对所选择的点进行切角操作，效果如图 6.2.23 所示。

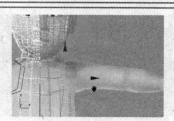
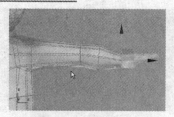

图 6.2.20　选择边　　　　　　　　图 6.2.21　复制效果

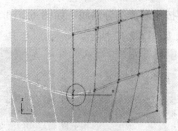
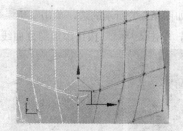

图 6.2.22　选择点　　　　　　　　图 6.2.23　切角效果

（8）选择如图 6.2.24 所示的面，单击 倒角 □ 后面的小按钮，在弹出的 倒角 对话框中设置参数如图 6.2.25 所示，单击 ⊕ 按钮，继续在 倒角 对话框中设置参数如图 6.2.26 所示，模型显示如图 6.2.27 所示。

图 6.2.24　选择面　　　图 6.2.25　设置倒角参数　图 6.2.26　设置倒角参数　　　图 6.2.27　倒角效果

（9）选择如图 6.2.28 所示的边，单击 连接 按钮添加细分曲线，如图 6.2.29 所示。调节模型上的点到如图 6.2.30 所示的位置。选择如图 6.2.31 所示的点，单击 切角 按钮，对所选择的点进行切角操作，效果如图 6.2.32 所示。

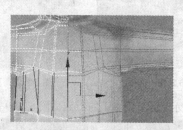

图 6.2.28　选择边　　　　　　　　图 6.2.29　连接效果

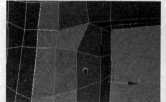

图 6.2.30　调节节点　　　　图 6.2.31　选择节点　　　　图 6.2.32　切角效果

（10）选择如图 6.2.33 所示的面，单击 倒角 ▢ 后面的小按钮，在弹出的 倒角 对话框中设置参数如图 6.2.34 所示，单击 ⊞ 按钮，继续在 倒角 对话框中设置参数如图 6.2.35 所示，模型显示如图 6.2.36 所示。

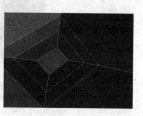

图 6.2.33　选择面　　　图 6.2.34　设置倒角参数　图 6.2.35　设置倒角参数　　　图 6.2.36　倒角效果

（11）选择如图 6.2.37 所示的边，单击 连接 按钮添加细分曲线，如图 6.2.38 所示。单击鼠标右键，在弹出的快捷菜单中选择 剪切 选项，在模型上切割细分曲线，如图 6.2.39 所示。调节模型上的点到图 6.2.40 所示的位置。

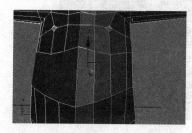

图 6.2.37　选择边　　　　　　　　　图 6.2.38　连接效果

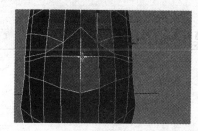
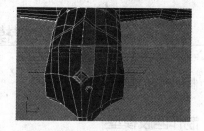

图 6.2.39　剪切效果　　　　　　　　图 6.2.40　调节节点

（12）单击鼠标右键，在弹出的快捷菜单中选择 剪切 选项，在模型上切割细分曲线，如图 6.2.41 所示。选择如图 6.2.42 所示的边，单击 连接 按钮，添加细分曲线，如图 6.2.43 所示。选择如图 6.2.44 所示的点，单击 连接 按钮，连接所选择的点，如图 6.2.45 所示。

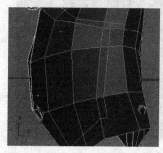
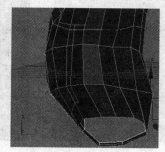
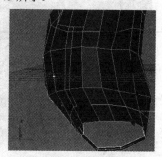

图 6.2.41　剪切效果　　　　　图 6.2.42　选择边　　　　　图 6.2.43　连接效果

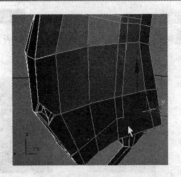
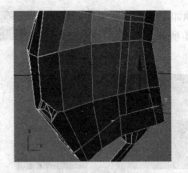

图 6.2.44　选择节点　　　　　　　　图 6.2.45　连接节点

（13）调节模型上的节点到如图 6.2.46 所示的位置。打开细分，效果如图 6.2.47 所示。

图 6.2.46　调节节点　　　　　　　　图 6.2.47　细分效果

6.3　制作四肢模型和头发效果

在本节中制作小孩的四肢模型和头发效果。

6.3.1　制作四肢模型

小孩四肢模型的制作跟男性人体四肢模型的制作方法相同，大家可以参考其进行制作，这里不再赘述。制作好的模型效果如图 6.3.1 所示，渲染效果如图 6.3.2 所示。

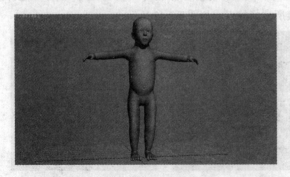

图 6.3.1　小孩模型　　　　　　　　　图 6.3.2　渲染效果

至此，小孩模型制作完成。

6.3.2　制作头发效果

在这一小节中制作小孩的头发模型，在此将小孩的头发制作成卷发效果。

（1）选择如图 6.3.3 所示的面，按住 Shift 键向上拖动，在弹出的对话框中设置选择类型如图 6.3.4 所示，将克隆出的模型调节到如图 6.3.5 所示的位置。

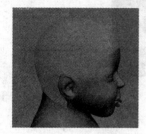

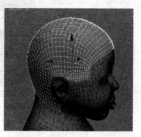

图 6.3.3　选择面　　　图 6.3.4　"克隆部分网格"对话框　　　图 6.3.5　克隆效果

（2）选择克隆出来的模型，在修改命令面板的 修改器列表 下拉菜单中选择 Hair 和 Fur (WSM) 选项，在修改命令面板中设置参数如图 6.3.6 所示。此时的头发效果如图 6.3.7 所示。

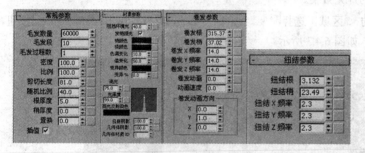
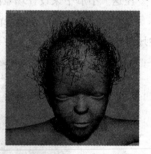

图 6.3.6　设置毛发参数　　　图 6.3.7　卷发效果

6.4　设置材质、灯光效果

在本节中继续设置场景的材质、灯光效果。

6.4.1　设置材质效果

在这一小节中设置小孩模型的材质效果。

（1）首先来设置皮肤材质。按 M 键打开材质编辑器，选择一个空白的材质球，设置漫反射颜色为浅红色，设置高光级别和光泽度均为 10，参数设置如图 6.4.1 所示。

图 6.4.1　设置皮肤材质

（2）接下来设置眼睛材质。按 M 键打开材质编辑器，选择一个空白的材质球，在漫反射通道中添加一张眼球贴图，设置高光级别为 52，光泽度为 37，参数设置如图 6.4.2 所示。

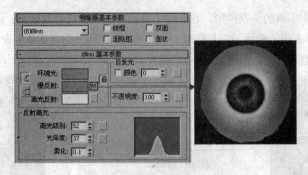

图 6.4.2　设置眼睛材质

6.4.2　设置灯光效果

在这一小节中来设置场景的灯光效果。

（1）在创建命令面板的区域，选择 标准 类型，单击 目标聚光灯 按钮，在场景中创建一盏目标聚光灯，如图 6.4.3 所示。

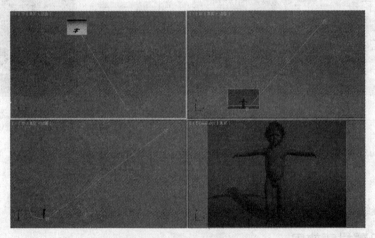

图 6.4.3　创建目标聚光灯

（2）在修改命令面板中设置灯光参数如图 6.4.4 所示。

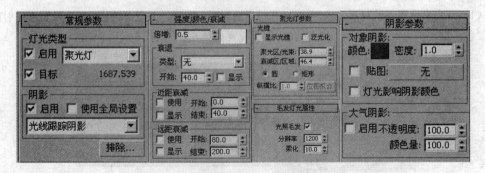

图 6.4.4　设置聚光灯参数

当添加目标聚光灯时,软件将为该灯光自动指定注视控制器,灯光目标对象指定为"注视"目标。用户可以使用"运动"面板上的控制器设置将场景中的任何其他对象指定为"注视"目标。

（3）单击 泛光灯 按钮,在顶视图中创建一盏泛光灯,如图6.4.5所示。

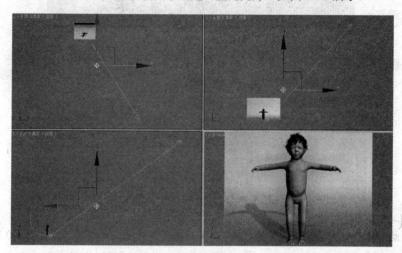

图6.4.5 创建泛光灯

（4）在修改命令面板中设置泛光灯,参数如图6.4.6所示。

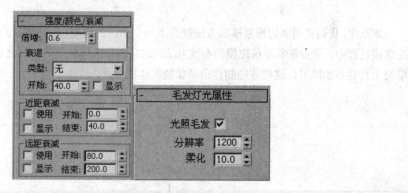

图6.4.6 设置泛光灯参数

泛光灯最多可以生成六个四元树,因此它们生成光线跟踪阴影的速度比聚光灯要慢。避免将光线跟踪阴影与泛光灯一起使用,除非场景中有这样的要求。

（5）单击 泛光灯 按钮,在顶视图中创建一盏泛光灯,如图6.4.7所示。

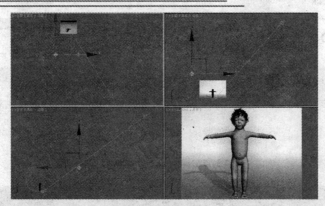

图 6.4.7　创建泛光灯

（6）在修改命令面板中设置泛光灯参数如图 6.4.8 所示。

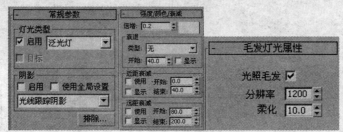

图 6.4.8　设置泛光灯参数

（7）至此，材质灯光效果设置完成，按 F9 键对场景进行渲染，最终效果如图 6.0.1 所示。

本 章 小 结

　　本章中，我们使用多边形建模的方法制作了一个小孩的模型，其中使用了多边形建模的基本方法。在建模过程中，重点掌握小孩建模的布线方法，这是制作人体模型的关键之处。另外，在建模工具的学习上也要多加练习，这样才能制作出形象的人体模型。

第 7 章　制作狗模型

　　动物模型的制作方法类似于人体模型，重点在于身体比例和结构的把握。本章中，我们使用多边形建模的方法制作了狗的模型，其中主要的方法是对边界的拖动和缩放复制，这种方法的好处在于模型具有良好的完整性。

本章知识重点

➤ 学习使用多边形建模工具制作三维模型。

➤ 学习使用对称修改器加速建模速度。

➤ 学习将基础几何物体转换为可编辑多边形，然后使用多边形建模工具对模型进行塑造。

在本章中制作一只狗的模型，最终渲染效果如图 7.0.1 所示。

图 7.0.1　最终渲染效果

7.1　制作身体模型

　　首先来制作狗的身体模型。

　　（1）打开 3DS MAX，选择一个所需要的视图，然后按"Alt+B"组合键，调出视口背景设置面板。单击背景源选项中的 文件... 按钮，找到与视图相对应的素材图片，并设置参数如图 7.1.1 所示。导入狗的参考图片，如图 7.1.2 所示。

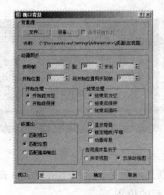

图 7.1.1　"视口背景"对话框

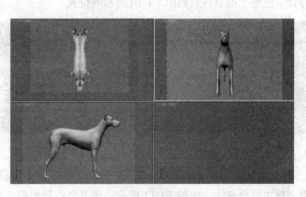

图 7.1.2　导入参考图片效果

（2）在创建命令面板中单击 长方体 按钮，在场景中创建一个长方体模型，在修改命令面板中设置长方体的参数如图 7.1.3 所示，模型显示如图 7.1.4 所示，同时将模型转换为可编辑多边形。

图 7.1.3　设置长方体参数　　　　　　　　　　　　图 7.1.4　长方体效果

（3）选择如图 7.1.5 所示的点，按 Delete 键删除与该节点相连接的面，如图 7.1.6 所示。调节模型上的节点到如图 7.1.7 所示的位置。

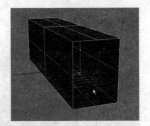

图 7.1.5　选择节点　　　　　　　　　　　图 7.1.6　删除面

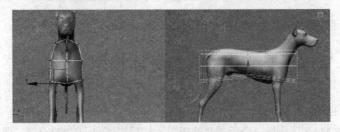

图 7.1.7　调节节点

（4）选择如图 7.1.8 所示的边，单击 连接 按钮，在模型上添加细分曲线，如图 7.1.9 所示。同时调节模型上的节点到如图 7.1.10 所示的位置。

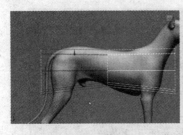
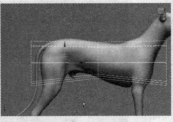

图 7.1.8　选择边　　　　　　　图 7.1.9　连接效果　　　　　　　图 7.1.10　调节节点

（5）继续在模型上添加细分曲线，如图 7.1.11 所示，调节节点到如图 7.1.12 所示的位置。在此模型上添加细分曲线，如图 7.1.13 所示，调节节点到如图 7.1.14 所示的位置。

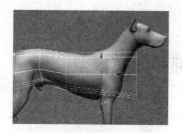
图 7.1.11　添加细分曲线

图 7.1.12　调节节点

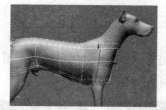
图 7.1.13　添加细分曲线

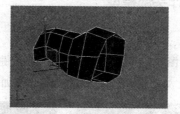
图 7.1.14　调节节点

（6）为了操作方便，删除一半的模型，如图 7.1.15 所示；单击 按钮，在弹出的 镜像:世界 坐标 对话框中设置镜像类型为 实例 方式，如图 7.1.16 所示，镜像效果如图 7.1.17 所示。

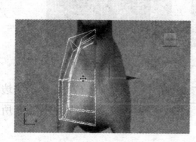
图 7.1.15　删除模型

图 7.1.16　设置镜像参数

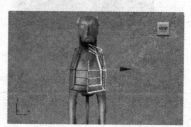
图 7.1.17　镜像效果

（7）调节模型上的节点到如图 7.1.18 所示的位置；选择如图 7.1.19 所示的边，单击 连接 按钮，在模型上添加细分曲线，如图 7.1.20 所示；同时调节模型上的节点到如图 7.1.21 所示的位置。

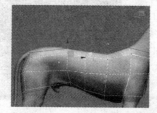
图 7.1.18　调节节点

图 7.1.19　选择边

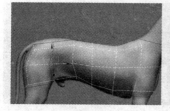
图 7.1.20　添加细分曲线

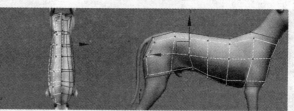
图 7.1.21　调节节点

至此，身体模型的大体形状就制作完成。

7.2 制作头部和四肢模型

下面来制作狗的头部和四肢模型。

7.2.1 制作头部模型

首先来制作头部模型。

（1）选择如图 7.2.1 所示的边，按住 Shift 键沿着 X 轴拖动复制，效果如图 7.2.2 所示；单击 目标焊接 按钮，焊接模型上的节点，焊接结果如图 7.2.3 所示。

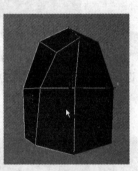

图 7.2.1 选择边　　　　图 7.2.2 复制效果　　　　图 7.2.3 焊接节点

（2）选择如图 7.2.4 所示的面，按 Delete 键删除，如图 7.2.5 所示；选择如图 7.2.6 所示的边，在左视图中按住 Shift 键向上拖动复制，效果如图 7.2.7 所示，同时调节模型上的点到如图 7.2.8 所示的位置。

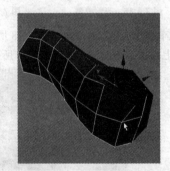

图 7.2.4 选择面　　　图 7.2.5 删除面　　　　图 7.2.6 选择边

图 7.2.7 复制效果　　　　　　图 7.2.8 调节节点

（3）下面继续来进行边的拖动复制操作。选择如图 7.2.9 所示的边，按住 Shift 键向上拖动复制，效果如图 7.2.10 所示，同时调节模型上的点到如图 7.2.11 所示的位置。

图 7.2.9　选择边　　　　　　图 7.2.10　复制效果　　　　　　图 7.2.11　调节节点

（4）选择如图 7.2.12 所示的边，添加细分曲线，如图 7.2.13 所示；调节模型上的节点到如图 7.2.14 所示的位置。

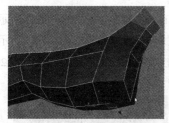
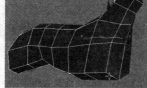

图 7.2.12　选择边　　　　　　图 7.2.13　添加细分曲线　　　　　图 7.2.14　调节节点

（5）选择如图 7.2.15 所示的边，按住 Shift 键进行缩放复制，效果如图 7.2.16 所示，同时调节节点到如图 7.2.17 所示的位置。

图 7.2.15　选择边　　　　　　图 7.2.16　复制效果　　　　　　图 7.2.17　调节节点

（6）继续对相同的边进行拖动、缩放复制操作，同时调节节点的位置，制作出头部的大体形状，效果如图 7.2.18 所示。

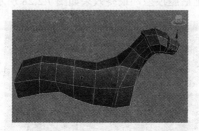

图 7.2.18　制作头部模型

（7）下面对模型进行细化操作。选择如图 7.2.19 所示的边，添加细分曲线，如图 7.2.20 所示，同时调节模型上的节点到图 7.2.21 所示的位置。

7

图 7.2.19 选择边

图 7.2.20 添加细分曲线

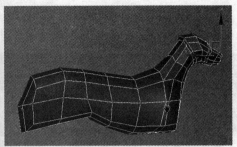

图 7.2.21 调节节点

7.2.2 制作四肢模型

下面来制作四肢的模型。

（1）首先来制作前腿的模型。选择如图 7.2.22 所示的面，按 Delete 键删除，如图 7.2.23 所示。选择如图 7.2.24 所示的边界，按住 Shift 键向下进行拖动进行缩放操作，复制效果如图 7.2.25 所示。单击 [封口] 按钮对边界进行封口操作，如图 7.2.26 所示；同时在模型上进行加线操作，如图 7.2.27 所示。

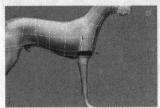

图 7.2.22 选择面

图 7.2.23 删除面

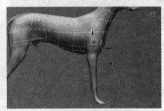

图 7.2.24 选择边界

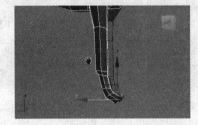

图 7.2.25 复制效果

图 7.2.26 封口效果

图 7.2.27 连接节点

（2）按照相同的方法制作出后腿模型，最终效果如图 7.2.28 所示。

图 7.2.28 制作后腿模型

7.3 制作尾巴和爪子模型

在本节中我们来制作尾巴和爪子模型。

7.3.1 制作尾巴模型

首先来制作尾巴模型。

（1）为了便于观察，将模型的颜色修改为绿色。切换到点级别，单击 ▇切割▇ 按钮，在模型上切割细分曲线，如图 7.3.1 所示，同时调节模型上的节点到如图 7.3.2 所示的位置。

图 7.3.1 切割细分曲线　　　　　　　　图 7.3.2 调节节点

（2）选择如图 7.3.3 所示的面，按 Delete 键删除，如图 7.3.4 所示；选择如图 7.3.5 所示的边，在左视图中按住 Shift 键向上拖动复制，效果如图 7.3.6 所示。

图 7.3.3 选择面　　　　　　　　图 7.3.4 删除面

图 7.3.5 选择边　　　　　　　　图 7.3.6 复制效果

（3）调节尾巴处的节点到如图 7.3.7 所示的位置，继续选择如图 7.3.8 所示的边，按住 Shift 键向下拖动复制，效果如图 7.3.9 所示。

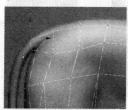
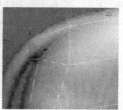

图 7.3.7 调节节点　　　　图 7.3.8 选择边　　　　图 7.3.9 复制效果

（4）选择如图 7.3.10 所示的边，单击 [桥] 按钮进行桥接操作，效果如图 7.3.11 所示。对模型进行光滑显示，效果如图 7.3.12 所示。

图 7.3.10　选择边　　　　　图 7.3.11　桥接效果　　　　　图 7.3.12　光滑效果

 Tips ● ● ●

　　　使用"桥"时，始终可以在边之间建立直线连接。要沿着某种轮廓建立桥连接，请在创建桥后，根据需要应用建模工具。例如，桥接两个边，然后使用混合。

（5）接下来对模型进行进一步的修改。调节模型上的节点到如图 7.3.13 所示的位置。

图 7.3.13　调节节点

（6）下面来制作狗的生殖器模型。选择如图 7.3.14 所示的边，单击 [连接] 按钮，在模型上添加细分曲线，并调节到如图 7.3.15 所示的位置。

图 7.3.14　选择边　　　　　　图 7.3.15　添加细分曲线

（7）单击 [切割] 按钮，在模型上切割细分曲线，如图 7.3.16 所示。选择如图 7.3.17 所示的面，单击 [倒角 □] 后面的小按钮，在弹出的 [‖倒角] 对话框中设置参数如图 7.3.18 所示，倒角效果如图 7.3.19 所示。

图 7.3.16　切割细分曲线　　　图 7.3.17　选择面　　　图 7.3.18　设置倒角参数

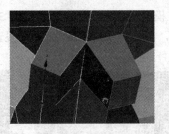

图 7.3.19　倒角效果

（8）删除中间的两个面，然后调节模型上的节点到如图 7.3.20 所示的位置。在模型上添加细分曲线，如图 7.3.21 所示，调节节点到如图 7.3.22 所示的位置，光滑显示效果如图 7.3.23 所示。

图 7.3.20　调节节点　　　　　　图 7.3.21　添加细分曲线

图 7.3.22　调节节点　　　　　　图 7.3.23　光滑效果

7.3.2　制作爪子模型

下面来制作爪子模型。

（1）选择如图 7.3.24 所示的边，单击 连接 按钮添加细分曲线，如图 7.3.25 所示。继续添加细分曲线，如图 7.3.26 所示。

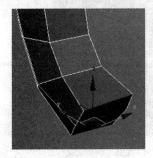

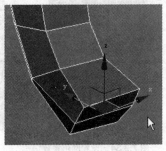

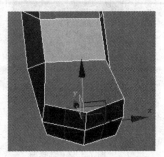

图 7.3.24　选择边　　　　　　图 7.3.25　连接效果　　　　　　图 7.3.26　添加细分曲线

（2）单击 切割 按钮，在模型上切割细分曲线，如图 7.3.27 所示。选择如图 7.3.28 所示的面，单击 倒角 □ 后面的小按钮，在弹出的 倒角 对话框中设置参数如图 7.3.29 所示，倒角效果如图 7.3.30 所示。

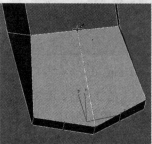
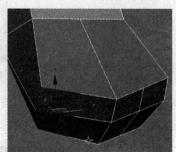

图 7.3.27 切割细分曲线　　　　　　　　　　　图 7.3.28 选择面

图 7.3.29 设置倒角参数　　　图 7.3.30 倒角效果

（3）继续对其他面进行倒角操作，效果如图 7.3.31 所示，调节模型上的节点到如图 7.3.32 所示的位置。

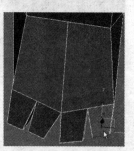
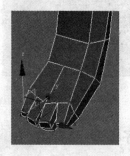

图 7.3.31 倒角效果　　　图 7.3.32 调节节点

（4）选择如图 7.3.33 所示的面，单击 倒角 □ 后面的小按钮，在弹出的 倒角 对话框中设置参数如图 7.3.34 所示，倒角效果如图 7.3.35 所示。

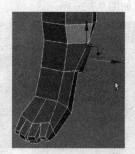

图 7.3.33 选择面　　　图 7.3.34 设置倒角参数　　　图 7.3.35 倒角效果

（5）调节模型上的节点到如图 7.3.36 所示的位置；选择如图 7.3.37 所示的面，单击 倒角 □ 后面的小按钮，在弹出的 倒角 对话框中设置参数如图 7.3.38 所示，倒角效果如图 7.3.39 所示；调节模型上的节点到如图 7.3.40 所示的位置。

（6）对后腿的模型进行相同的操作，最终效果如图 7.3.41 所示。

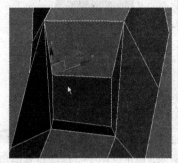
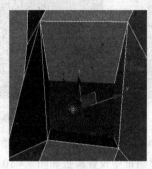

图 7.3.36　调节节点　　　　图 7.3.37　选择面　　　　图 7.3.38　设置倒角参数

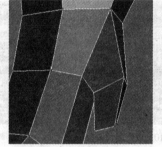

图 7.3.39　倒角效果　　　　图 7.3.40　调节节点　　　　图 7.3.41　调节后腿模型

7.4　制作五官模型

下面我们来制作狗的五官模型，包括耳朵、眼睛、鼻子和嘴巴。

7.4.1　制作耳朵模型

首先制作耳朵模型。

（1）选择如图 7.4.1 所示的面，单击 倒角 □ 后面的小按钮，在弹出的 倒角 对话框中设置参数如图 7.4.2 所示，倒角效果如图 7.4.3 所示。同时，调节所选择的面到如图 7.4.4 所示的位置。

图 7.4.1　选择面　　图 7.4.2　设置倒角参数　　图 7.4.3　倒角效果　　图 7.4.4　调节面

（2）选择如图 7.4.5 所示的边，单击 连接 □ 后面的小按钮，在弹出的 连接边 对话框中设置参数如图 7.4.6 所示，在模型上连接边，如图 7.4.7 所示。

图 7.4.5　选择边

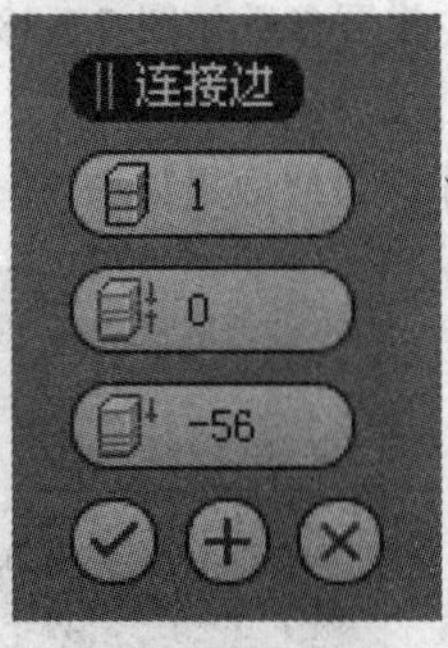

图 7.4.6　设置连接边参数

图 7.4.7　连接边效果

（3）调节耳朵上的节点到如图 7.4.8 所示的位置。选择如图 7.4.9 所示的面，单击 倒角 后面的小按钮，在弹出的 倒角 对话框中设置参数如图 7.4.10 所示，单击⊕按钮，继续设置倒角参数，如图 7.4.11 所示，最终倒角效果如图 7.4.12 所示。

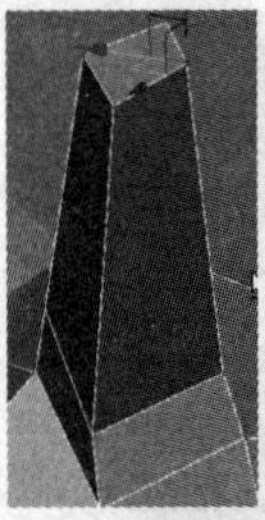

图 7.4.8　调节节点

图 7.4.9　选择面

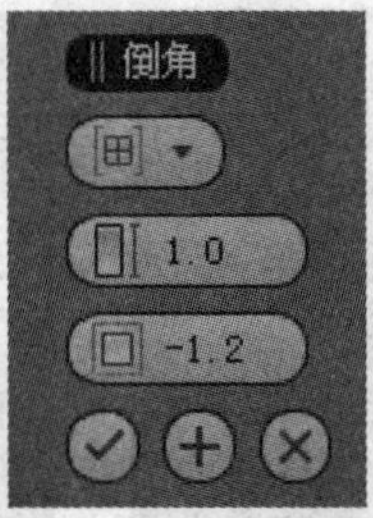

图 7.4.10　设置倒角参数

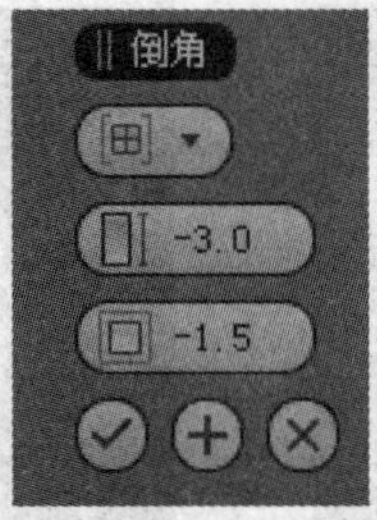

图 7.4.11　继续设置倒角参数

图 7.4.12　倒角效果

（4）调节耳朵上的节点到如图 7.4.13 所示的位置。继续在耳朵上添加细分曲线，如图 7.4.14 所示，然后添加节点到如图 7.4.15 所示的位置，使耳朵模型成型。

至此，耳朵模型制作完成，光滑显示效果如图 7.4.16 所示。

图 7.4.13　调节节点

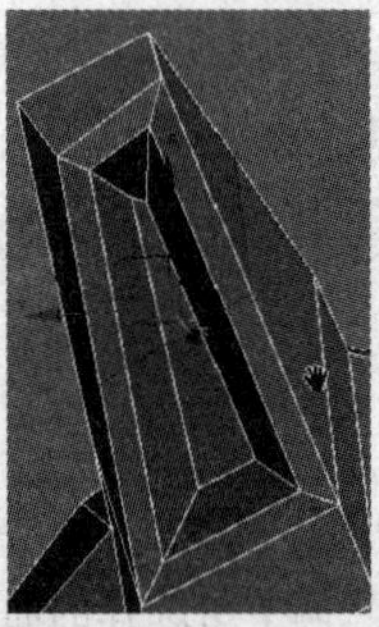

图 7.4.14　添加细分曲线

图 7.4.15　调节节点

图 7.4.16　光滑效果

7.4.2　制作眼睛模型

下面来制作眼睛的模型。

（1）选择如图 7.4.17 所示的点，单击 切角 后面的小按钮，在弹出的 切角 对话框中设置参数如图 7.4.18 所示，切角效果如图 7.4.19 所示。

图 7.4.17　选择节点　　　　图 7.4.18　设置切角参数　　　　图 7.4.19　切角效果

（2）调节头部的节点到如图 7.4.20 所示的位置。选择如图 7.4.21 所示的面，单击 倒角 □ 后面的小按钮，在弹出的 倒角 对话框中设置参数如图 7.4.22 所示，单击 ⊕ 按钮；继续设置倒角参数，如图 7.4.23 所示；再次单击 ⊕ 按钮，设置倒角参数如图 7.4.24 所示。最终倒角效果如图 7.4.25 所示。

图 7.4.20　调节节点　　　　图 7.4.21　选择面　　　　图 7.4.22　设置倒角参数

图 7.4.23　设置倒角参数　　　图 7.4.24　设置倒角参数　　　图 7.4.25　倒角效果

（3）调节眼睛部位的节点到如图 7.4.26 所示的位置。单击 球体 按钮，在眼眶处创建一个球体模型，用来模拟眼球的模型，在修改命令面板中设置球体的参数如图 7.4.27 所示，模型显示如图 7.4.28 所示。

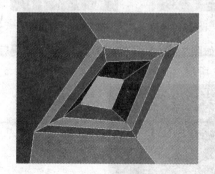

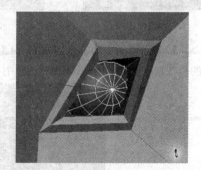

图 7.4.26　调节节点　　　　图 7.4.27　设置球体参数　　　　图 7.4.28　球体模型

至此，眼睛模型制作完成，光滑显示效果如图 7.4.29 所示。

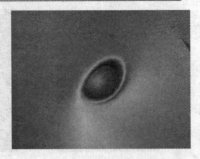

图 7.4.29　眼睛光滑效果

7.4.3　制作鼻子模型

在这一小节中来制作鼻子模型。

（1）单击 切割 按钮，在鼻子处切割细分曲线，如图 7.4.30 所示。

图 7.4.30　切割细分曲线

（2）选择如图 7.4.31 所示的面，单击 倒角 □ 后面的小按钮，在弹出的 倒角 对话框中设置参数如图 7.4.32 所示，单击 ⊕ 按钮，继续设置倒角参数，如图 7.4.33 所示。倒角效果如图 7.4.34 所示。

图 7.4.31　选择面　　　图 7.4.32　设置倒角参数　图 7.4.33　设置倒角参数　　　　图 7.4.34　倒角效果

（3）调节鼻子上的节点到如图 7.4.35 所示的位置。选择如图 7.4.36 所示的面，单击 倒角 □ 后面的小按钮，在弹出的 倒角 对话框中设置参数如图 7.4.37 所示，倒角效果如图 7.4.38 所示。

图 7.4.35　调节节点　　　　　图 7.4.36　选择面

图 7.4.37　设置倒角参数

图 7.4.38　倒角效果

（4）调节鼻子部位的节点到如图 7.4.39 所示的位置，至此，鼻子模型制作完成，光滑效果如图 7.4.40 所示。

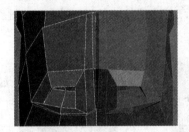

图 7.4.39　调节节点

图 7.4.40　光滑效果

7.4.4　制作嘴巴模型

下面来制作嘴巴模型。

（1）调节头部模型上的节点到如图 7.4.41 所示的位置。选择如图 7.4.42 所示的边，单击 挤出 后面的小按钮，在弹出的 挤出边 对话框中设置参数如图 7.4.43 所示，挤出效果如图 7.4.44 所示。

图 7.4.41　调节节点

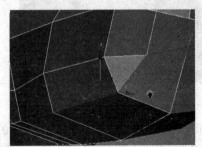

图 7.4.42　选择边

图 7.4.43　设置挤出边参数

图 7.4.44　挤出效果

（2）单击 目标焊接 按钮，将嘴巴处多余的节点焊接在一起，如图 7.4.45 所示。

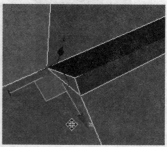

图 7.4.45　焊接节点

（3）选择如图 7.4.46 所示的边，单击 切角 □ 后面的小按钮，在弹出的 ‖ 切角 对话框中设置参数如图 7.4.47 所示，切角效果如图 7.4.48 所示。选择切角出来的面，按 Delete 键将其删除，如图 7.4.49 所示。

图 7.4.46　选择边　　　　　　　　　　图 7.4.47　设置切角参数

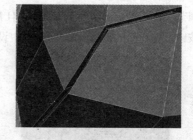

图 7.4.48　切角效果　　　　　　　　　　图 7.4.49　删除面

（4）调节嘴巴附近的节点到如图 7.4.50 所示的位置，至此，嘴巴模型制作完成。整个头部光滑显示效果如图 7.4.51 所示。五官模型制作完成，将其转换为可编辑多边形，效果如图 7.4.52 所示。

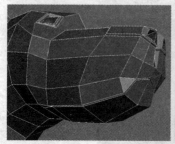

图 7.4.50　调节节点　　　　　图 7.4.51　光滑效果　　　　　图 7.4.52　狗的最终模型

7.5 设置材质、灯光效果

在本节中我们来设置狗模型的材质、灯光效果，这样才能表现出一只栩栩如生的狗的形象。

7.5.1 设置材质效果

在这一小节中先设置狗的材质效果。

（1）首先来设置材质的 ID 编号。单击■按钮切换到面级别，选择如图 7.5.1 所示的面，设置 ID 编号为 1，如图 7.5.2 所示；选择如图 7.5.3 所示的面，设置 ID 编号为 2，如图 7.5.4 所示；选择如图 7.5.5 所示的面，设置 ID 编号为 3，如图 7.5.6 所示；选择如图 7.5.7 所示的面，设置 ID 编号为 4，如图 7.5.8 所示；选择如图 7.5.9 所示的面，设置 ID 编号为 5，如图 7.5.10 所示。

 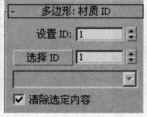 

图 7.5.1 选择面   图 7.5.2 设置材质 ID   图 7.5.3 选择面

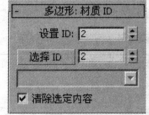  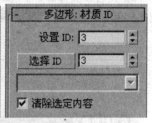

图 7.5.4 设置材质 ID   图 7.5.5 选择面   图 7.5.6 设置材质 ID

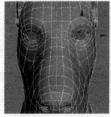   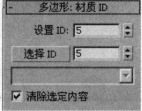

图 7.5.7 选择面   图 7.5.8 设置材质 ID   图 7.5.9 选择面   图 7.5.10 设置材质 ID

  Tips ● ● ●

　　一些基本几何体不使用 1 作为默认材质 ID，而另一些，例如异面体或长方体，默认设置中包含多个材质 ID。

（2）下面来设置材质效果。按 M 键打开材质编辑器，选择一个空白的材质球，单击 Standard 按钮，在弹出的 ⑥材质/贴图浏览器 对话框中选择 多维/子对象 选项，如图 7.5.11 所示，在弹出的 替换材质 对话框中单击 确定 按钮，如图 7.5.12 所示。

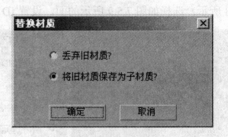

图 7.5.11 "材质/贴图浏览器"对话框   图 7.5.12 "替换材质"对话框

（3）在材质编辑器中单击 设置数量 按钮，在弹出的 设置材质数量 对话框中设置材质数量为 5，如图 7.5.13 所示。此时，多维/子对象基本参数 卷展栏如图 7.5.14 所示。

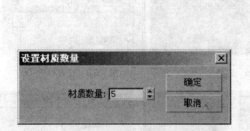

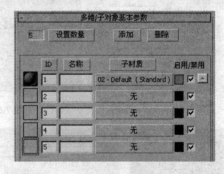

图 7.5.13 "设置材质数量"对话框   图 7.5.14 "多维/子对象基本参数"卷展栏

  提 示 Tips ● ● ●

也可以使用编辑网格修改器来对选定的面指定所包含的材质。将"编辑网格"应用给对象，转至子对象级别的面，然后选中要指定的面。在"编辑曲面"卷展栏，将材质 ID 值设为子材质的 ID。（可以拖放多维/子对象材质至一个"编辑网格"修改器，就像对可编辑网格对象的操作一样。）

（4）设置 ID1 材质，也就是前腿材质。在漫反射通道中添加一张纹理贴图，参数设置如图 7.5.15 所示。

（5）设置 ID2 材质，也就是身体材质。在漫反射通道中添加一张狗的贴图，参数设置如图 7.5.16
所示。

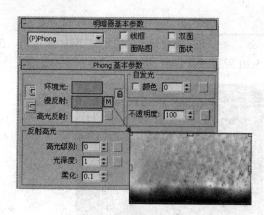

图 7.5.15　设置 ID1 材质

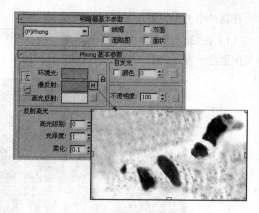

图 7.5.16　设置 ID2 材质

（6）设置 ID3 材质，也就是后腿材质。在漫反射通道中添加一张纹理贴图，参数设置如图 7.5.17
所示。

（7）设置 ID4 材质，也就是眼睛材质。设置漫反射颜色为黑色，设置高光级别为 100，光泽度
为 80，参数设置如图 7.5.18 所示。

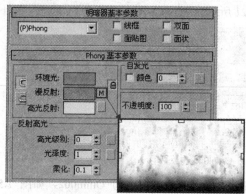

图 7.5.17　设置 ID3 材质

图 7.5.18　设置 ID4 材质

（8）设置 ID5 材质，也就是鼻子材质。设置漫反射颜色为棕色，如图 7.5.19 所示。

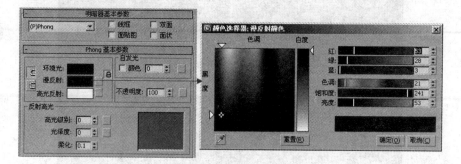

图 7.5.19　设置 ID5 材质

7.5.2 设置灯光效果

在这一小节中设置场景的灯光效果。

（1）在 ✦ 创建命令面板的 ☀ 区域，选择 [标准 ▾] 类型，单击 [泛光灯] 按钮，在场景中创建一盏泛光灯，命名为 Omni001，如图 7.5.20 所示。

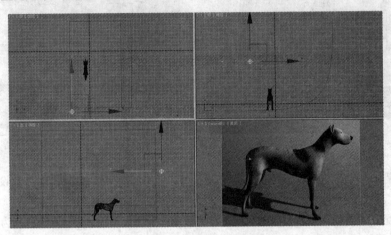

图 7.5.20　创建泛光灯 Omni001

（2）在修改命令面板中设置灯光参数如图 7.5.21 所示。

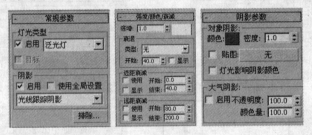

图 7.5.21　设置泛光灯 Omni001 参数

（3）继续单击 [泛光灯] 按钮，在场景中创建一盏泛光灯，命名为 Omni002，如图 7.5.22 所示。

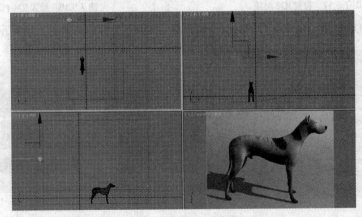

图 7.5.22　创建泛光灯 Omni002

（4）在修改命令面板中设置灯光参数，如图 7.5.23 所示。

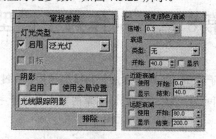

图 7.5.23 设置泛光灯 Omni002 参数

（5）继续单击 泛光灯 按钮，在场景中创建一盏泛光灯，命名为 Omni003，如图 7.5.24 所示。

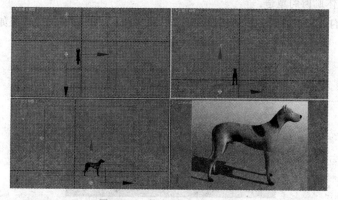

图 7.5.24 创建泛光灯 Omni003

（6）在修改命令面板中设置灯光参数，如图 7.5.25 所示。

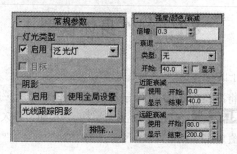

图 7.5.25 设置泛光灯 Omni003 参数

（7）将设置的材质指定给狗模型，按 F9 键进行渲染，最终效果如图 7.0.1 所示。

本 章 小 结

在本章中介绍了制作一个狗模型，在建模中使用了 3DS MAX 的大部分建模工具，对模型进行了详细的制作和讲解，同时使用了对称修改器来加快建模的步伐。通过对本章的学习，读者应掌握如何制作一个动物模型以及操作要点，注意先对现实中的动物进行细致的观察，了解其各部分的特征及构造，这样在建模时才能够胸有成竹、得心应手，从而制作出一个逼真的模型。

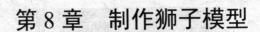

第 8 章　制作狮子模型

本章介绍如何制作一头狮子模型。其制作方法与狗模型相同，关键在于对多边形节点的调节，这样才能把握好狮子的身体结构和动作效果。同时，本章的重点还在于毛发效果的制作。

本章知识重点

➤ 通过对边进行拖动复制来制作狮子的四肢部分。

➤ 把握住狮子的姿势和面部表情。

➤ 学习动物身体肌肉的塑造。

在本例中，我们讲解了使用多边形建模来制作一只狮子模型，最终渲染效果如图 8.0.1 所示。

图 8.0.1　狮子渲染效果

8.1　制作身体模型

在本节中，首先制作狮子的身体模型。

（1）为了制作方便，将准备好的参考图导入视图中作为背景。选择 视图(V) → 视口背景 → 视口背景(B)... ，在弹出的 视口背景 对话框中单击 文件... 按钮，导入参考图，设置参数如图 8.1.1 所示，导入参考图的效果如图 8.1.2 所示。

图 8.1.1　"视口背景"对话框

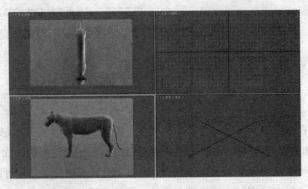

图 8.1.2　导入参考图效果

（2）下面来制作身体模型。因为身体的形状是一个近似于长方体的结构，所以就通过对长方体模型进行调节来制作该部分结构。单击 ▢长方体▢ 按钮，在场景中创建一个立方体模型，在修改命令面板中设置参数如图 8.1.3 所示，模型显示如图 8.1.4 所示，同时将模型塌陷成可编辑多边形。

图 8.1.3　设置长方体参数

图 8.1.4　长方体效果

（3）为了方便制作，按 Delete 键删除一半的模型，如图 8.1.5 所示，这样就可以通过使用对称操作来节省制作时间，缩短制作过程。调节模型上的节点到如图 8.1.6 所示的位置，为了更加准确地制作出身体的结构，在模型上添加细分曲线，如图 8.1.7 所示，同时调节节点到如图 8.1.8 所示的位置。

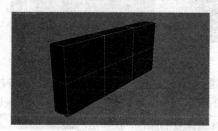

图 8.1.5　删除一半模型

图 8.1.6　调节节点

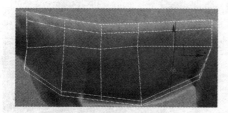

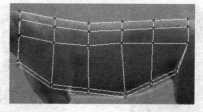

图 8.1.7　添加细分曲线

图 8.1.8　调节节点

（4）为了制作出身体向外凸出的效果，在模型上添加细分曲线，如图 8.1.9 所示，选择如图 8.1.10 所示的面，调节到如图 8.1.11 所示的位置。在顶视图中，调节模型上的节点到如图 8.1.12 所示的位置。

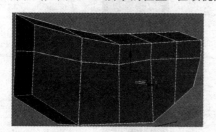

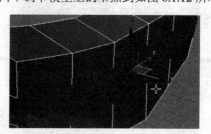

图 8.1.9　添加细分曲线

图 8.1.10　选择面

8

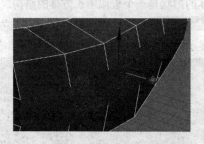

图 8.1.11 调节面　　　　　　　图 8.1.12 调节节点

（5）下面继续来制作身体模型。选择如图 8.1.13 所示的面，单击 倒角 □ 后面的小按钮，对面进行倒角操作，制作出后侧身体的结构，如图 8.1.14 所示。调节模型上的节点到如图 8.1.15 所示的位置。

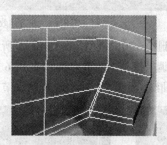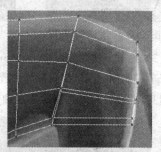

图 8.1.13 选择面　　　　　图 8.1.14 倒角效果　　　　　图 8.1.15 调节节点

（6）下面来制作脖子处的结构。选择如图 8.1.16 所示的面，单击 倒角 □ 后面的小按钮，对面进行倒角操作，效果如图 8.1.17 所示。调节模型上的节点到如图 8.1.18 所示的位置，按 Delete 键删除脖子处端部的面，单击 按钮，对剩余的模型进行镜像复制操作，在弹出的 镜像:世界坐标 对话框中设置镜像坐标轴和复制类型如图 8.1.19 所示，镜像效果如图 8.1.20 所示。

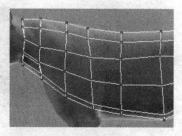

图 8.1.16 选择面　　　　　图 8.1.17 倒角效果　　　　　图 8.1.18 调节节点

图 8.1.19 设置镜像参数　　　图 8.1.20 镜像效果

提　示　Tips ● ● ●

　　　Instance 指的是关联性，如镜像的模型和原模型具有关联关系，则改变一方另一方也会跟着变化。

　　（7）继续制作脖子处的结构。选择如图 8.1.21 所示的边，按住 Shift 键沿 X 轴进行拖动，复制效果如图 8.1.22 所示。调节模型上的节点到如图 8.1.23 所示的位置。

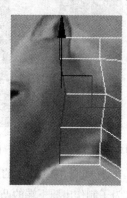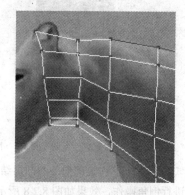

　　图 8.1.21　选择边　　　　　　　　图 8.1.22　复制效果　　　　　　　图 8.1.23　调节节点

至此，身体大体结构就制作完成了，如图 8.1.24 所示。

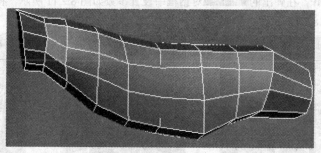

图 8.1.24　身体大体结构

8.2　制作四肢和尾巴模型

在本节中制作狮子的四肢和尾巴模型。

8.2.1　制作四肢模型

在本小节中制作狮子的四肢模型。

　　（1）首先，通过对边界进行拖动复制来制作出腿部模型。选择如图 8.2.1 所示的面，按 Delete 键删除，如图 8.2.2 所示；选择如图 8.2.3 所示的边界，按住 Shift 键向下拖动，复制效果如图 8.2.4 所示。为了制作出腿部的弯曲结构，在腿部模型上添加细分曲线，如图 8.2.5 所示，调节腿部的节点到如图 8.2.6 所示的位置。

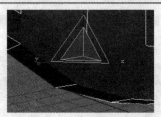
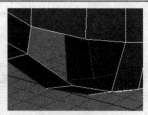

图 8.2.1　选择面　　　　　　　图 8.2.2　删除面　　　　　　　图 8.2.3　选择边界

8

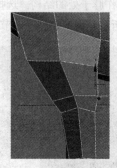

图 8.2.4　复制效果　　　　　图 8.2.5　添加细分曲线　　　　图 8.2.6　调节节点

（2）下面来制作腿部向外的凸出结构。选择如图 8.2.7 所示的面，单击 倒角 ▢ 后面的小按钮，对面进行倒角操作，效果如图 8.2.8 所示。为了制作出腿下端的凸出结构，单击 切割 按钮，在腿模型上切割细分曲线，如图 8.2.9 所示，选择如图 8.2.10 所示的面，单击 倒角 ▢ 后面的小按钮，同样对面进行倒角操作，在弹出的 倒角 对话框中设置参数如图 8.2.11 所示，将两个面分别独立地挤出，倒角效果如图 8.2.12 所示。

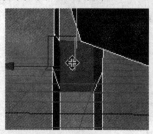

图 8.2.7　选择面　　　　　　图 8.2.8　倒角效果　　　　　图 8.2.9　切割细分曲线

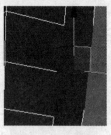

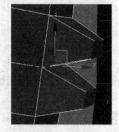

图 8.2.10　选择面　　　　　图 8.2.11　设置倒角参数　　　　图 8.2.12　倒角效果

提　示　Tips ●●●

"按多边形"选项指独立倒角每个多边形。

（3）继续制作腿部模型。选择如图 8.2.13 所示的边界，按住 Shift 键向下进行拖动复制，效果如图 8.2.14 所示，调节模型上的节点到如图 8.2.15 所示的位置。下面，通过对边界的拖动复制来制作爪子模型，选择如图 8.2.16 所示的边界，对其进行拖动复制，效果如图 8.2.17 所示，调节节点到如图 8.2.18 所示的位置。

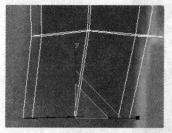
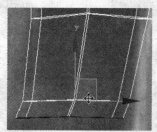

图 8.2.13　选择边界　　　　图 8.2.14　复制效果　　　　图 8.2.15　调节节点

图 8.2.16　选择边界　　　　图 8.2.17　复制效果　　　　图 8.2.18　调节节点

（4）继续对边界进行拖动复制，同时进行节点的调节，效果如图 8.2.19 所示。选择如图 8.2.20 所示的边界，单击　封口　按钮，进行封口操作，效果如图 8.2.21 所示。至此，前腿处的大体结构制作完成。

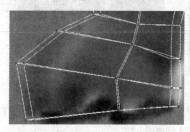
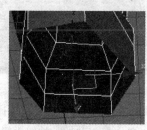

图 8.2.19　调节节点　　　　图 8.2.20　选择边界　　　　图 8.2.21　封口效果

（5）下面制作后腿处的模型，为了使后腿处的结构更加圆滑，在模型上添加细分曲线，如图 8.2.22 所示，对边进行向下的调节，如图 8.2.23 所示。下面，按照制作前腿模型的方法制作出后腿模型，效果如图 8.2.24 所示，为了使身体模型更加圆滑，在模型上添加细分曲线，如图 8.2.25 所示。

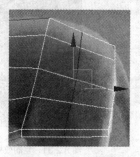
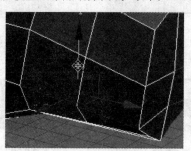

图 8.2.22　添加细分曲线　　　　图 8.2.23　调节边

图 8.2.24 制作后退模型   图 8.2.25 添加细分曲线

8.2.2 制作尾巴模型

下面通过对面进行挤压来制作尾巴模型。

（1）选择如图 8.2.26 所示的面，单击 挤出 □ 后面的小按钮，对面进行挤出操作，效果如图 8.2.27 所示，按 Delete 键删除挤压的面，如图 8.2.28 所示。

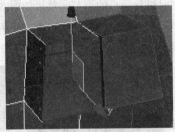
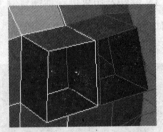

图 8.2.26 选择面   图 8.2.27 挤出效果   图 8.2.28 删除面

（2）调节尾巴处的节点到如图 8.2.29 所示的位置，选择如图 8.2.30 所示的边界，对其进行拖动复制操作，效果如图 8.2.31 所示，单击 封口 按钮进行封口操作。

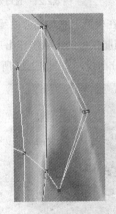
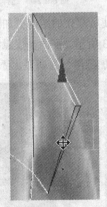

图 8.2.29 调节节点   图 8.2.30 选择边界   图 8.2.31 复制效果

至此，四肢和尾巴的大体结构制作完成，效果如图 8.2.32 所示。

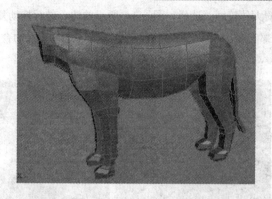

图 8.2.32　四肢和尾巴大体结构

8.3　制作头部模型

在本节中制作狮子的头部模型，包括嘴巴、眼睛、鼻子以及耳朵等结构。

（1）首先，制作头部的大体轮廓。选择如图 8.3.1 所示的边，按住 Shift 键进行拖动复制，同时对节点进行调节，效果如图 8.3.2 所示。选择如图 8.3.3 所示的边，进行拖动复制操作，效果如图 8.3.4 所示，单击 目标焊接 按钮，焊接两个节点，效果如图 8.3.5 所示。

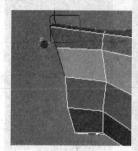

图 8.3.1　选择边

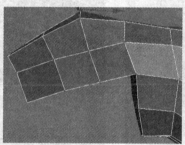

图 8.3.2　复制效果

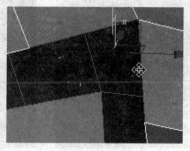

图 8.3.3　选择边

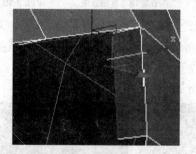

图 8.3.4　复制效果

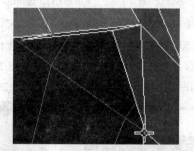

图 8.3.5　焊接节点

  Tips ●●●

可以选择一个顶点作为目标点，然后单击 目标焊接 按钮，将其他顶点焊接到目标顶点上。

（2）继续制作头部的大体轮廓。选择如图 8.3.6 所示的边，进行拖动复制操作，效果如图 8.3.7 所示，按 Delete 键删除内部的面，如图 8.3.8 所示，这样就能够进行节点的合理焊接。单击 目标焊接 按钮，焊接两个相邻的节点，效果如图 8.3.9 所示。

图 8.3.6 选择边　　　图 8.3.7 复制效果　　　图 8.3.8 删除面　　　图 8.3.9 焊接节点

（3）为了更准确地制作出头部的结构，调节模型上的节点到如图 8.3.10 所示的位置。选择如图 8.3.11 所示的边，进行拖动复制操作，效果如图 8.3.12 所示，调节节点到如图 8.3.13 所示的位置。

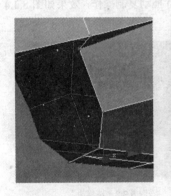

图 8.3.10 调节节点　　　图 8.3.11 选择边　　　图 8.3.12 复制效果　　　图 8.3.13 调节节点

（4）继续对边进行拖动复制操作，同时对节点进行调节，效果如图 8.3.14 所示。为了制作出口腔内的结构，继续对节点进行调节，效果如图 8.3.15 所示。选择如图 8.3.16 所示的面，单击 倒角 后面的小按钮，对面进行倒角操作，效果如图 8.3.17 所示。选择如图 8.3.18 所示的面，按 Delete 键删除，效果如图 8.3.19 所示，调节边到如图 8.3.20 所示的位置。

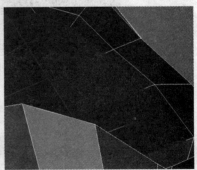

图 8.3.14 复制并调节节点　　　图 8.3.15 调节节点　　　图 8.3.16 选择面

图 8.3.17 倒角效果   图 8.3.18 选择面   图 8.3.19 删除面   图 8.3.20 调节边

这时，头部的大体轮廓就制作出来了，如图 8.3.21 所示。

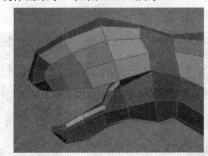

图 8.3.21 头部大体轮廓

（5）下面通过对面进行倒角操作来制作鼻子模型。选择如图 8.3.22 所示的面，单击 倒角 □ 后面的小按钮，对面进行倒角操作，制作出鼻子的轮廓，效果如图 8.3.23 所示，调节鼻子处的节点到如图 8.3.24 所示的位置；为了使模型在光滑显示后更加圆滑，选择如图 8.3.25 所示的边，单击 切角 □ 后面的小按钮，对边进行切角操作，效果如图 8.3.26 所示，单击 目标焊接 按钮，焊接相邻的节点，效果如图 8.3.27 所示，光滑显示效果如图 8.3.28 所示。

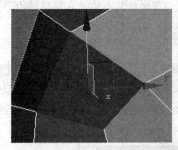
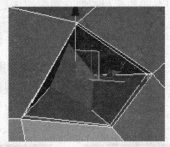
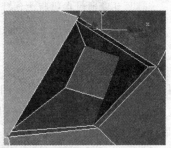

图 8.3.22 选择面   图 8.3.23 倒角效果   图 8.3.24 调节节点

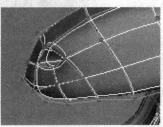

图 8.3.25 选择边   图 8.3.26 切角效果   图 8.3.27 焊接节点   图 8.3.28 光滑效果

（6）下面来制作眼睛模型。选择如图 8.3.29 所示的面，单击 倒角 □ 后面的小按钮，对面进行倒角操作，制作出眼睛的轮廓，效果如图 8.3.30 所示，调节眼睛处的节点到如图 8.3.31 所示的位置。下面，通过对面进行倒角操作来制作眼珠模型，选择如图 8.3.32 所示的面，单击 倒角 □ 后面的小按钮，对面进行倒角操作，制作出眼珠模型，效果如图 8.3.33 所示，光滑显示效果如图 8.3.34 所示。

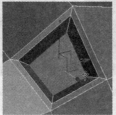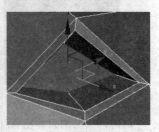

图 8.3.29 选择面　　图 8.3.30 倒角效果　　图 8.3.31 调节节点　　图 8.3.32 选择面

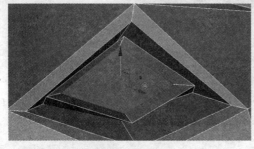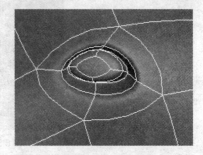

图 8.3.33 倒角效果　　　　　　图 8.3.34 光滑效果

 注 意 Tips ●●●

在制作眼珠模型时，我们可以通过对眼眶内的面进行倒角挤压制作出眼珠的结构。同时，可以通过在眼眶内创建球体模型来模拟眼珠模型，这是一种比较常用的制作眼珠的方法。

（7）使用与上述类似的方法，可以制作出耳朵模型，效果如图 8.3.35 所示。单击 切割 按钮，在模型上切割细分曲线，如图 8.3.36 所示。为了使模型的结构更加清晰，选择如图 8.3.37 所示的边，单击 切角 □ 后面的小按钮，对边进行切角操作，效果如图 8.3.38 所示，调节模型上的节点到如图 8.3.39 所示的位置。

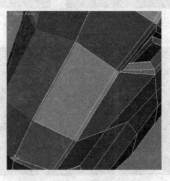

图 8.3.35 耳朵模型　　　　　图 8.3.36 切割细分曲线

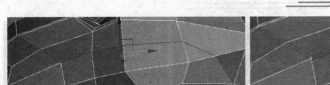

图 8.3.37　选择边　　　　　　　　图 8.3.38　切角效果

图 8.3.39　调节节点

（8）最后，我们制作出牙齿和舌头模型，如图 8.3.40 所示，光滑显示效果如图 8.3.41 所示。至此，头部模型制作完成。

图 8.3.40　牙齿和舌头模型　　　　　　　图 8.3.41　光滑效果

8.4　整体细节调节

在本节中，对狮子模型进行整体细节的调整，使模型更加逼真。

（1）首先，通过对面进行倒角操作来制作爪子模型。选择如图 8.4.1 所示的面，单击 倒角 后面的小按钮，对面进行倒角操作，效果如图 8.4.2 所示，调节节点到如图 8.4.3 所示的位置。为了制作出爪子的弯曲结构，在倒角的模型上添加细分曲线，如图 8.4.4 所示，对细分曲线进行缩放，同时进行位置的调节，效果如图 8.4.5 所示，继续在模型上添加细分曲线以及进行缩放操作和位置的调节，效果如图 8.4.6 所示。

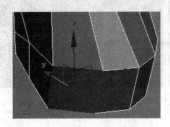

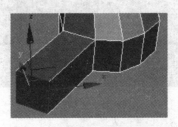

图 8.4.1　选择面　　　　　图 8.4.2　倒角效果　　　　　图 8.4.3　调节节点

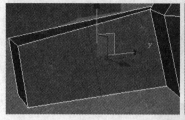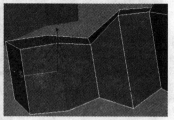

图 8.4.4 添加细分曲线　　　　图 8.4.5 调节细分曲线　　　　图 8.4.6 添加细分曲线

（2）继续制作爪子模型，选择如图 8.4.7 所示的面，进行缩放操作，如图 8.4.8 所示，调节爪子上的节点到如图 8.4.9 所示的位置。选择如图 8.4.10 所示的面，单击 倒角 □ 后面的小按钮，对面进行倒角操作，效果如图 8.4.11 所示。为了制作出爪子的弯曲效果，在模型上添加细分曲线，并调节到如图 8.4.12 所示的位置，调节爪子上的节点到如图 8.4.13 所示的位置，这时，单个爪子模型就制作出来了。

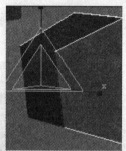

图 8.4.7 选择面　　　图 8.4.8 缩放面　　　图 8.4.9 调节节点　　　图 8.4.10 选择面

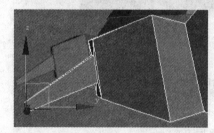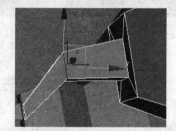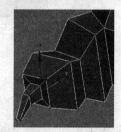

图 8.4.11 倒角效果　　　　　图 8.4.12 添加细分曲线　　　　图 8.4.13 调节节点

（3）使用相同的方法制作出剩余的爪子模型，如图 8.4.14 所示，此时的模型效果如图 8.4.15 所示。最后通过对节点进行调节，来调整狮子的姿势，效果如图 8.4.16 所示。

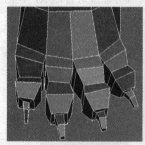

图 8.4.14 爪子模型　　　　图 8.4.15 整体模型效果　　　　图 8.4.16 最终模型效果

至此，狮子模型制作完成。

8.5　设置材质、灯光效果

在本节中设置场景的材质、灯光效果，以便使渲染效果更加完美。

8.5.1　设置材质效果

在这一小节中设置狮子的材质效果。

（1）首先来设置身体材质。按 M 键打开材质编辑器，选择一个空白的材质球，在漫反射通道中添加一张狮子的贴图，设置高光级别为 18，光泽度为 10，参数设置如图 8.5.1 所示。

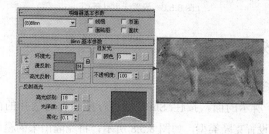

图 8.5.1　设置身体材质

（2）接下来设置眼睛材质。按 M 键打开材质编辑器，选择一个空白的材质球，在漫反射通道中添加一张眼睛贴图，设置高光级别为 89，光泽度为 25，参数设置如图 8.5.2 所示。

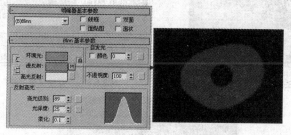

图 8.5.2　设置眼睛材质

（3）下面来设置舌头材质。按 M 键打开材质编辑器，选择一个空白的材质球，设置漫反射颜色为粉红色，设置高光级别为 39，光泽度为 23，如图 8.5.3 所示。打开 贴图 卷展栏，单击凹凸通道后面的 None 按钮，在弹出的 材质/贴图浏览器 对话框中选择 噪波 选项，如图 8.5.4 所示，噪波参数设置如图 8.5.5 所示。

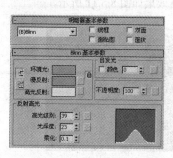  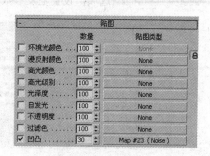

图 8.5.3　设置漫反射颜色　　图 8.5.4　"材质/贴图浏览器"对话框　　图 8.5.5　噪波参数

（4）设置牙齿材质。按 M 键打开材质编辑器，选择一个空白的材质球，设置漫反射颜色为白色，设置高光级别为 62，光泽度为 32，如图 8.5.6 所示。

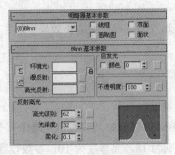

图 8.5.6　设置牙齿材质

8.5.2　设置毛发效果

在这一小节中制作狮子脖子处的毛发效果。

（1）选择如图 8.5.7 所示的面，按住 Shift 键进行拖动，对选择的面进行克隆，在弹出的 **克隆部分网格** 对话框中设置克隆类型，如图 8.5.8 所示。将克隆出来的模型调节到如图 8.5.9 所示的位置和大小。

图 8.5.7　选择面

图 8.5.8　"克隆部分网格"对话框

图 8.5.9　克隆效果

（2）选择克隆出来的模型，在修改命令面板的 修改器列表 下拉菜单中选择 **Hair 和 Fur (WSM)** 选项，设置毛发参数如图 8.5.10 所示，此时的毛发效果如图 8.5.11 所示。

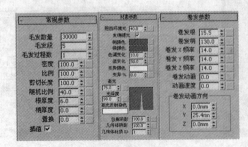

图 8.5.10　设置毛发参数

图 8.5.11　毛发效果

（3）使用相同的方法，在尾巴处添加毛发效果，参数设置如图 8.5.12 所示，毛发效果如图 8.5.13 所示。

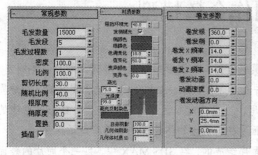
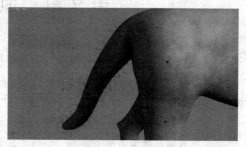

图 8.5.12　设置毛发参数　　　　　　　　　　　　　　　图 8.5.13　毛发效果

8.5.3　设置灯光效果

在这一小节中设置场景的灯光效果。

（1）在 ✳创建命令面板的 ◌区域，选择 标准 类型，单击 目标聚光灯 按钮，在顶视图中创建一盏目标聚光灯，并调节到如图 8.5.14 所示的位置。

（2）在修改命令面板中设置灯光参数如图 8.5.15 所示。

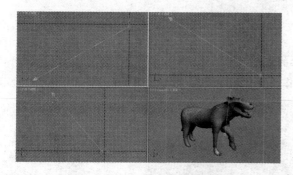
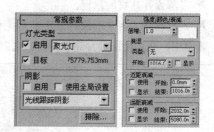

图 8.5.14　创建并调节目标聚光灯　　　　　　　图 8.5.15　设置灯光参数

（3）按 F9 键对场景进行渲染，最终效果如图 8.0.1 所示。

本 章 小 结

本章我们使用长方体建模制作了一头狮子模型。在对模型的制作过程中，主要运用了对边的拖动复制来塑造动物的各部分结构，通过对节点的调节，使得狮子模型更加得精细。这些都是最基础的操作方法，需要一定的基本功。所以大家在以后的制作中，一定要把基础知识掌握好，这样才能制作出更加精致的模型效果。

第9章 制作金鱼模型

本章中，我们来学习一下面片建模。面片建模也是将二维图形结合起来形成三维几何体的方法。面片也称作 Bezier 面片，是 3DS MAX 提供的一种表面建模技术。面片是通过边界定义的，其边界为 Bezier 曲线，所以面片是 Bezier 技术在面上的应用，这也决定了面片的控制类似于 Bezier 曲线的控制。面片可以很容易地模拟出光滑的表面，所以面片在有机生物体建模中有着广泛的应用。

一个完整的面片模型实际上是由一些较小的面片组成的。在 3DS MAX 中，每一个面片的表面都由 3 至 4 条"边"所定义。像 Bezier 曲线一样，每条边都有两个手柄控制其曲率，面片的各个角上都有一个点，称之为"节点"，缺省状态下可以看到面片上有黄色的网格，这就是定义了总体面片的"栅格"。

面片模型最大的优点就是可以产生圆滑的表面，而且，在设置动画时，面片可以产生类似于生物体的褶皱。面片的另一个优点就是，视图中用较少的细节，在渲染时会得到较多的细节。这使得建立或编辑面片变得相对容易。面片的最大的缺点就是它只支持一种材质，当两个面片连接时，它们只保存父物体的材质。

本章知识重点

➤ 了解面片建模的原理。

➤ 通过制作实例来加深对面片建模技术的掌握。

本章中，我们使用面片建模的方法来制作一条金鱼的模型，效果如图 9.0.1 所示。

图 9.0.1 金鱼效果

9.1 制作身体模型

首先，我们来制作金鱼的身体。

（1）打开 3DS MAX，选择一个所需要的视图，然后按"Alt+B"组合键，调出背景设置面板。单击 背景源 选项中的 文件... 按钮，找到与视图相对应的素材图片，并将参数设置为如图 9.1.1 所示。分别在前视图和左视图导入金鱼参考图片，如图 9.1.2 所示。

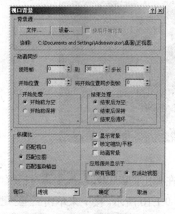

图 9.1.1　"视口背景"对话框　　　　　　　　　　　图 9.1.2　导入参考图

（2）在 ✳创建命令面板的 ◯区域，选择 面片栅格 类型，单击 四边形面片 按钮，在前视图中创建一个如图 9.1.3 所示的面片。在面片上单击鼠标右键，在弹出的快捷菜单中选择 转换为可编辑面片 选项，将面片转换为 Bezier 面片。然后单击 ⬚按钮进入修改命令面板，单击 ◇按钮选择如图 9.1.4 所示的两条边，单击 细分 按钮，在两条边之间添加细分曲线，效果如图 9.1.5 所示。

图 9.1.3　创建四边形面片　　　　　图 9.1.4　选择边　　　　　　图 9.1.5　细分效果

  Tips ● ● ●

　　　　四边形面片创建带有默认 36 个可见的矩形面的平面栅格。隐藏线将针对整个 72 个面将每个面划分为两个三角形面。

（3）同样选择如图 9.1.6 所示的两条边，单击 细分 按钮，添加新的细分曲线，效果如图 9.1.7 所示。然后激活 ⁘按钮，对照参考图对节点进行调节，效果如图 9.1.8 所示。

图 9.1.6　选择边　　　　　　　　　　图 9.1.7　细分效果

图 9.1.8 调节节点

（4）选中制作好的金鱼身体模型，单击菜单栏上的 按钮，在弹出的 镜像:屏幕 坐标 对话框中设置参数如图 9.1.9 所示，对身体模型进行镜像复制操作，效果如图 9.1.10 所示。接下来单击 附加 按钮，将两个金鱼身体附加在一起。单击 按钮，选择接合处的节点，单击 焊接 选项下的 选定 按钮，对选择的节点进行焊接，最终效果如图 9.1.11 所示。

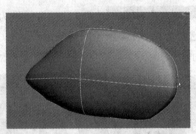

图 9.1.9 设置镜像参数　　　　图 9.1.10 镜像复制效果　　　　图 9.1.11 焊接节点

（5）激活 按钮，选择金鱼身体元素，如图 9.1.12 所示，单击 细分 按钮添加细分曲线，效果如图 9.1.13 所示。

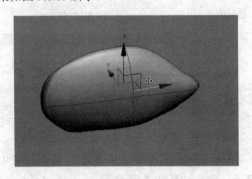
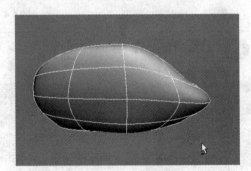

图 9.1.12 选择身体元素　　　　　　　　　　图 9.1.13 细分效果

9.2 制作尾巴模型

在本节中，制作金鱼的尾巴模型。

（1）激活 按钮，选择如图 9.2.1 所示的边。单击 断开 按钮将其断开，然后选择节点进行调节，效果如图 9.2.2 所示。

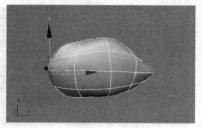
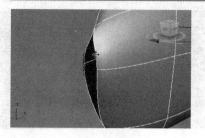

图 9.2.1　选择边　　　　　　　　　　　图 9.2.2　调节节点

（2）选中如图 9.2.3 所示的一圈边，按住 Shift 键对照参考图进行拖动复制，制作出金鱼尾巴模型，效果如图 9.2.4 所示。

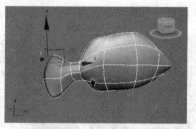

图 9.2.3　选择边　　　　　　　　　　　图 9.2.4　拖动复制效果

（3）选择如图 9.2.5 所示的节点，单击 焊接 选项下的 选定 按钮，对选择的节点进行焊接，效果如图 9.2.6 所示。

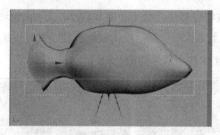
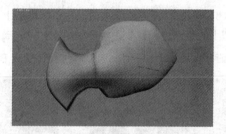

图 9.2.5　选择节点　　　　　　　　　　图 9.2.6　焊接节点

9.3　制作鱼鳍模型

在本节中，制作鱼鳍模型。

（1）单击 按钮，分别选择如图 9.3.1 所示的边，然后按住 Shift 键对照参考图进行拖动复制操作，效果如图 9.3.2 所示。调节模型上的节点到如图 9.3.3 所示的位置。

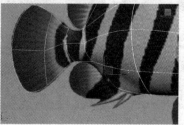

图 9.3.1　选择边

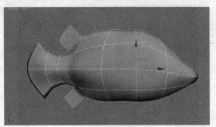

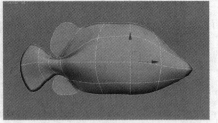

图 9.3.2　拖动复制效果　　　　　　　　　　　图 9.3.3　调节节点

（2）在 ✣ 创建命令面板的 ⌀ 区域，选择 样条线 ▼ 类型，单击 线 按钮，在前视图中对照参考图创建出一条闭合曲线，如图 9.3.4 所示。单击鼠标右键，在弹出的快捷菜单中选择 转换为可编辑多边形 按钮，将创建的闭合曲线转换为可编辑多边形，效果如图 9.3.5 所示。

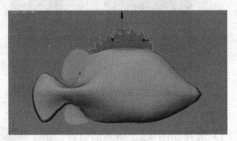

图 9.3.4　创建闭合曲线　　　　　　　　　　图 9.3.5　鱼鳍大体轮廓效果

（3）单击 切割 按钮，在鱼鳍模型上切割细分曲线，效果如图 9.3.6 所示。单击 ⁘ 按钮，对模型上的节点进行调节，效果如图 9.3.7 所示。接下来选中鱼鳍，单击鼠标右键，在弹出的快捷菜单中选择 转换为可编辑面片 选项，将其转变成 Bezier 面片，效果如图 9.3.8 所示。

图 9.3.6　切割细分曲线　　　　　图 9.3.7　调节节点　　　　图 9.3.8　转换为可编辑面片

（4）选中鱼鳍，在 ⌀ 创建命令面板的 修改器列表 ▼ 下拉列表中选择 对称 选项，给鱼鳍模型添加一个对称修改器，参数设置如图 9.3.9 所示，对称效果如图 9.3.10 所示。最后，将鱼鳍移动到如图 9.3.11 所示的位置。

图 9.3.9　设置对称参数　　　　　图 9.3.10　对称效果　　　　图 9.3.11　调节鱼鳍位置

Tips ●●●

　　将阈值设置得太高会造成网格的扭曲，特别是在镜像 Gizmo 位于原始网格边缘的外部时。

　　（5）使用以上相同的方法制作出其他的鱼鳍，最终的金鱼模型效果如图 9.3.12 所示。

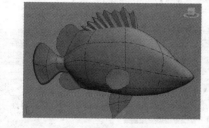

图 9.3.12　最终模型效果

至此，金鱼模型制作完成。

9.4　设置材质效果

在本节中，设置金鱼的材质效果。

　　（1）首先来设置身体材质。按 M 键打开材质编辑器，选择一个空白的材质球，单击漫反射后面的 ▆ 按钮，在弹出的 材质/贴图浏览器 对话框中单击 位图 选项，如图 9.4.1 所示，在漫反射通道中添加一张金鱼身体贴图，设置高光级别为 20，如图 9.4.2 所示。

图 9.4.1　"材质/贴图浏览器"对话框

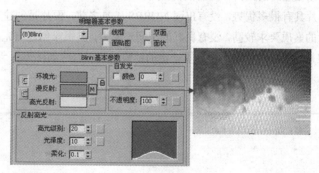

图 9.4.2　添加贴图效果

　　（2）设置眼睛材质。按 M 键打开材质编辑器，选择一个空白的材质球，在漫反射通道中添加一张眼睛贴图，设置高光级别为 20，参数设置如图 9.4.3 所示。

　　（3）设置鱼鳍材质。按 M 键打开材质编辑器，选择一个空白的材质球，在漫反射通道中添加一张鱼鳍贴图，设置高光级别为 20；在 贴图 卷展栏的不透明度通道中添加一张黑白贴图，

参数设置如图 9.4.4 所示。

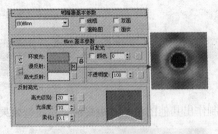

图 9.4.3　设置眼睛材质

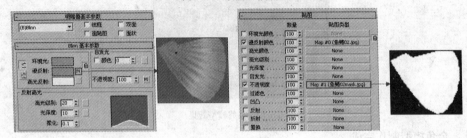

图 9.4.4　设置鱼鳍材质

至此，金鱼的材质设置完成，按 F9 键对场景进行渲染，效果如图 9.0.1 所示。

本 章 小 结

　　读者通过对该例子的学习可以初步了解面片建模的方法，主要通过调整 Bezier 面片上的点来塑造模型。读者要多多练习，这样才可以达到熟能生巧的目的。在 3DS MAX 中，面片有两种：三角形面片和四角形面片，两种面片都是基于 Bezier 曲线的。相对而言，四边形面片较三角形面片易于控制。读者需要注意的是，在何种情况下会产生三角形面片，在何种情况下会产生四角形面片。一般来说，网格对象转换为面片时，它们总是被转换成三角形面片，大部分标准几何体以及使用挤出、车削编辑修改器输出的几何体都将被转换为四边形面片。

　　面片具有很多优势，没有出现 NURBS 工具之前，面片是创建有机体最理想的工具，面片建模对使用者的素质要求较高，没有良好的空间想象力，就很难创建出完美的框架，从而造成面片建模的失败，但是只要勤加练习，积累了一定的经验后就可以达到游刃有余的程度。

第 10 章 卡通人物建模

卡通人物的特点是面片数量比较少，不像高模人体那样比较逼真，其主要表现是贴图的制作。本章制作了一个女性卡通人物模型，其制作方法是对长方体进行编辑以及使用对称命令。

本章知识重点

➤ 使用基本几何体来制作人物的模型。
➤ 结合镜像参考功能简化模型的制作。
➤ 通过对多边形模型点、线、面的编辑，对人物模型进行制作。
➤ 通过使用"选择边缘线的方法"复制出新的模型，并对模型进行精细制作。
➤ 通过目标焊接命令焊接节点。

本章我们来制作动画片中的卡通人物，最终渲染效果如图 10.0.1 所示。

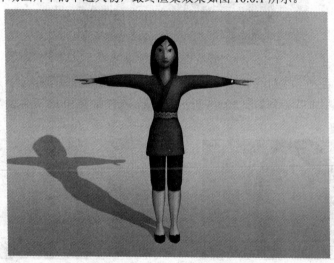

图 10.0.1　卡通人物渲染效果

10.1　制作头部模型

在本节中制作卡通人物的头部模型。

（1）打开 3DS MAX 软件，分别选择前视图和左视图，在工具栏上单击 视图(V) 按钮，在弹出的下拉菜单中选择 视口背景 → 视口背景(B)... 选项，在弹出的 视口背景 对话框中单击 文件... 按钮，在弹出的 选择背景图像 对话框中选择一张卡通人物的图片，在 视口背景 对话框中设置参数如图 10.1.1 所示，视图显示如图 10.1.2 所示。

（2）在 创建命令面板的 区域，选择 标准基本体 类型，单击 长方体 按钮，在前视图中创建一个长方体模型，在修改命令面板中设置参数如图 10.1.3 所示。

3DS MAX 2012 模型制作基础与案例（生物篇）

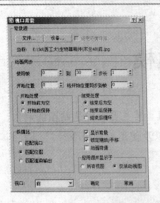

图 10.1.1 "视口背景"对话框

图 10.1.2 导入参考图

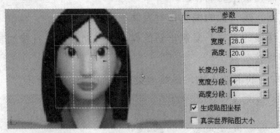

图 10.1.3 创建长方体

（3）单击鼠标右键，在弹出的快捷菜单中选择 转换为可编辑多边形 选项，将模型转换为可编辑多边形。调节模型上的节点到如图 10.1.4 所示的位置，选择如图 10.1.5 所示的节点，按 Delete 键删除。

图 10.1.4 调节节点

图 10.1.5 选择节点

（4）在工具栏上单击 按钮，在弹出的 镜像：屏幕 坐标 对话框中设置镜像参数如图 10.1.6 所示，镜像效果如图 10.1.7 所示。

图 10.1.6 设置镜像参数

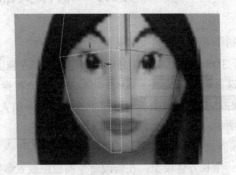

图 10.1.7 镜像效果

196

（5）切换到点级别，单击鼠标右键，在弹出的快捷菜单中选择 剪切 命令，在模型上切割细分曲线，效果如图 10.1.8 所示。

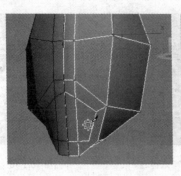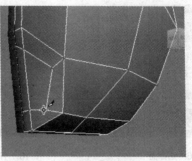

图 10.1.8　切割细分曲线

（6）切换到面级别，选择如图 10.1.9 所示的面，单击 插入 □ 后面的小按钮，在弹出的 ‖ 插入 对话框中设置参数如图 10.1.10 所示，效果如图 10.1.11 所示。

图 10.1.9　选择面　　　　　图 10.1.10　设置插入参数　　　　　图 10.1.11　插入效果

（7）切换到边级别，选择如图 10.1.12 所示的边，单击 连接 按钮，在模型上添加细分曲线，效果如图 10.1.13 所示。

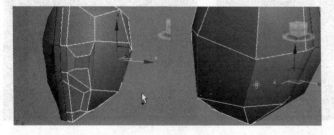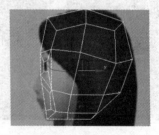

图 10.1.12　选择边　　　　　　　　　　　　　图 10.1.13　添加细分曲线

（8）继续在模型上添加细分曲线，调节出大致的五官位置。选择如图 10.1.14 所示的边，单击 移除 按钮，移除选择的边。对照视图，调节模型上的节点到如图 10.1.15 所示的位置。

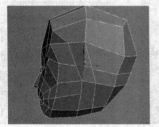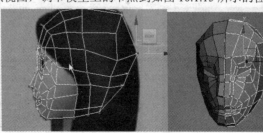

图 10.1.14　选择边　　　　　　　　　　　图 10.1.15　调节节点

（9）选择脖子下方的面，如图 10.1.16 所示，按 Delete 键删除。选择如图 10.1.17 所示的边，按住 Shift 键复制出脖子模型，效果如图 10.1.18 所示。

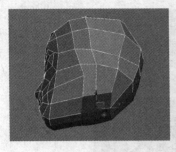 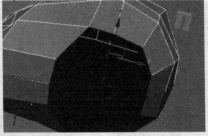 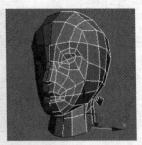

图 10.1.16　选择面　　　　　图 10.1.17　选择边　　　　　图 10.1.18　复制效果

（10）选择如图 10.1.19 所示的边，单击 连接 按钮，添加细分曲线，如图 10.1.20 所示。选择如图 10.1.21 所示的面，单击 挤出 后面的小按钮，在弹出的 挤出多边形 对话框中设置参数如图 10.1.22 所示，挤出效果如图 10.1.23 所示。然后，调节耳朵上的节点到如图 10.1.24 所示的位置。

  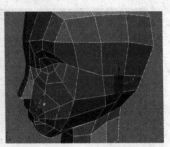

图 10.1.19　选择边　　　　　图 10.1.20　添加细分曲线　　　　图 10.1.21　选择面

 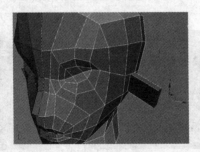 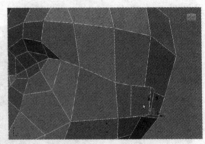

图 10.1.22　设置挤出参数　　　图 10.1.23　挤出效果　　　　　图 10.1.24　调节节点

（11）选择如图 10.1.25 所示的边，单击 连接 按钮，添加细分曲线，效果如图 10.1.26 所示。然后，调节节点到如图 10.1.27 所示的位置。

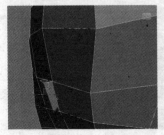 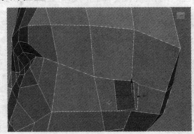 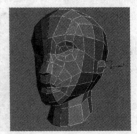

图 10.1.25　选择边　　　　　图 10.1.26　添加细分曲线　　　　图 10.1.27　调节节点

10.2 制作身体模型

在本节中制作人物的身体模型。

（1）选择脖子下方的边，如图 10.2.1 所示，按住 Shift 键复制出如图 10.2.2 所示的模型。

图 10.2.1 选择边

图 10.2.2 复制效果

（2）在 创建命令面板的 ○ 区域，选择 标准基本体 ▼ 类型，单击 长方体 按钮，在前视图中创建一个长方体模型，在修改命令面板中设置参数如图 10.2.3 所示。

（3）单击鼠标右键，在弹出的快捷菜单中选择 转换为可编辑多边形 选项，将模型转换为可编辑多边形。选择如图 10.2.4 所示的面，按 Delete 键删除。

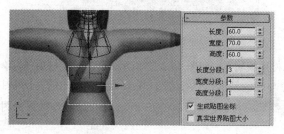
图 10.2.3 创建长方体

图 10.2.4 选择面

（4）选择如图 10.2.5 所示的边，单击 连接 按钮添加细分曲线，如图 10.2.6 所示。对照视图，将模型调节到如图 10.2.7 所示的形状。

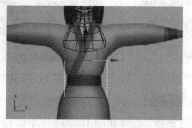
图 10.2.5 选择边

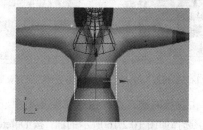
图 10.2.6 添加细分曲线

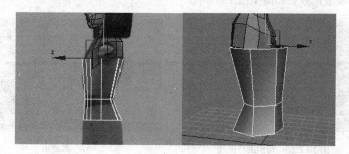
图 10.2.7 调节模型形状

（5）选择如图 10.2.8 所示的边，按住 Shift 键复制出如图 10.2.9 所示的模型。

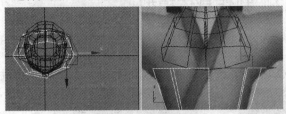

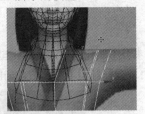

图 10.2.8　选择边　　　　　　　　　　　　　　　　　　图 10.2.9　复制效果

（6）在工具栏单击 按钮，在弹出的 镜像：世界 坐标 对话框中设置镜像参数如图 10.2.10 所示，镜像效果如图 10.2.11 所示。

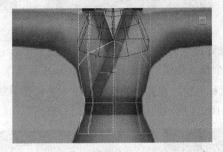

图 10.2.10　设置镜像参数　　　　　　　　　图 10.2.11　镜像效果

（7）单击工具栏中的 按钮，进入材质编辑器，如图 10.2.12 所示，选择一个材质球，单击 按钮，为模型指定默认材质。然后单击命令与颜色显示栏中右边的彩色方块，在弹出的对话框中选择物体边的颜色，在这里选择黑色，然后单击 确定 按钮，如图 10.2.13 所示。此时，模型效果如图 10.2.14 所示。

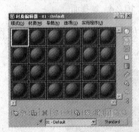

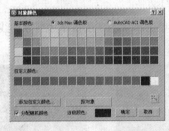

图 10.2.12　"材质编辑器"对话框　　　图 10.2.13　"对象颜色"对话框　　　　图 10.2.14　模型效果

（8）单击鼠标右键，在弹出的快捷菜单中选择 剪切 命令，在身体侧面切割细分曲线，如图 10.2.15 所示。选择如图 10.2.16 所示的面，按 Delete 键删除。选择如图 10.2.17 所示的边界，按住 Shift 键连续复制出胳膊模型，效果如图 10.2.18 所示。

图 10.2.15　切割细分曲线　　　　　　　　　图 10.2.16　选择面

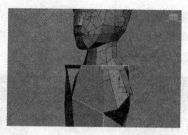

图 10.2.17 选择边界

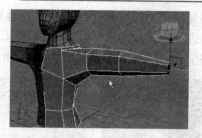

图 10.2.18 复制效果

（9）单击鼠标右键，在弹出的快捷菜单中选择 剪切 命令，在图 10.2.19 中所示的位置切出细分曲线，调节模型上的节点到如图 10.2.20 所示的位置。

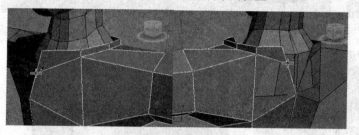

图 10.2.19 切割细分曲线

图 10.2.20 调节节点

10.3 制作腿部模型

在本节中制作卡通人物的腿部模型。

（1）在 创建命令面板的 区域，选择 标准基本体 类型，单击 长方体 按钮，在前视图中创建一个长方体模型，如图 10.3.1 所示。

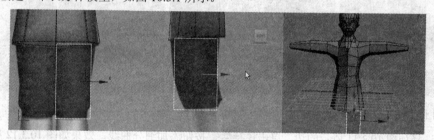

图 10.3.1 创建长方体

（2）用连接命令在模型上添加细分曲线，如图 10.3.2 所示。选择模型上下面上的节点，如图 10.3.3 所示，按 Delete 键删除。

图 10.3.2 添加细分曲线

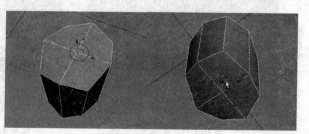

图 10.3.3 选择节点

（3）选择如图 10.3.4 所示的边界，按住 Shift 键复制出腿部模型，如图 10.3.5 所示。单击 封口
按钮，对所选边界进行封口操作，如图 10.3.6 所示。单击鼠标右键，在弹出的快捷菜单中选择 剪切
命令，在模型上切割细分曲线，效果如图 10.3.7 所示。

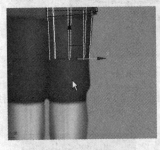
图 10.3.4 选择边界

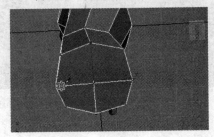
图 10.3.5 复制效果

图 10.3.6 封口效果

图 10.3.7 切割细分曲线

（4）选择如图 10.3.8 所示的面，按 Delete 键删除。选择如图 10.3.9 所示的边界，按住 Shift 键复
制出脚模型，如图 10.3.10 所示，然后单击 封口 按钮，对所选边界进行封口操作。

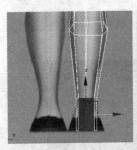
图 10.3.8 选择面

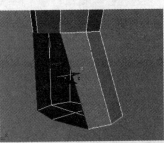
图 10.3.9 选择边界

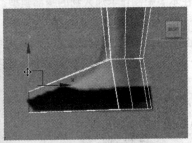
图 10.3.10 复制效果

（5）选择如图 10.3.11 所示的边，单击 连接 按钮添加细分曲线，效果如图 10.3.12 所示。这
时，调节脚上的节点到如图 10.3.13 所示的位置。

图 10.3.11 选择边

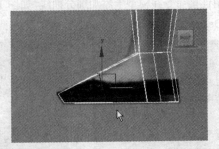
图 10.3.12 添加细分曲线

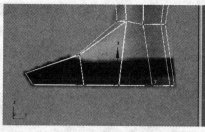 

图 10.3.13　调节节点

（6）选择如图 10.3.14 所示的边，按住 Shift 键拖动复制，效果如图 10.3.15 所示。选择腿部模型，在工具栏单击 按钮，在弹出的 **镜像：世界 坐标** 对话框中设置镜像参数如图 10.3.16 所示，镜像效果如图 10.3.17 所示。

图 10.3.14　选择边　　　　　　　　　　图 10.3.15　复制效果

 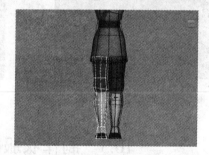

图 10.3.16　设置镜像参数　　　　图 10.3.17　镜像复制效果

10.4　制作手模型

在本节中制作手的模型。

（1）在 创建命令面板的 区域，选择 标准基本体 类型，单击 长方体 按钮，在前视图中创建一个长方体模型，在修改命令面板中设置参数如图 10.4.1 所示。

图 10.4.1　创建长方体

（2）选择之前制作的模型，单击鼠标右键，在弹出的快捷菜单中选择 隐藏选定对象 选项，将选择的模型进行隐藏。选择新创建的长方体，单击鼠标右键，在弹出的快捷菜单中选择 转换为可编辑多边形 选项，将模型转换为可编辑多边形。选择如图 10.4.2 所示的面，单击 挤出 按钮，对选择的面进行挤出操作，效果如图 10.4.3 所示。

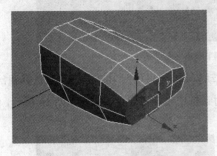

图 10.4.2　选择面

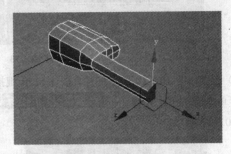

图 10.4.3　挤出效果

（3）使用同样的方法挤出其他手指模型，如图 10.4.4 所示。单击鼠标右键，在弹出的快捷菜单中选择 全部取消隐藏 命令，将隐藏的模型全部显示，如图 10.4.5 所示。

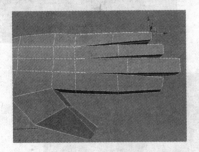

图 10.4.4　挤出其他手指模型

图 10.4.5　显示全部模型

10.5　制作衣服模型

在本节中制作人物的衣服模型，包括衣襟和腰带模型。

（1）首先来制作衣襟模型。在 创建命令面板的 区域，选择 标准基本体 类型，单击 长方体 按钮，在前视图中创建一个长方体模型，如图 10.5.1 所示。

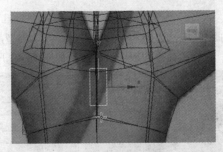

图 10.5.1　创建长方体

（2）单击鼠标右键，在弹出的快捷菜单中选择 转换为可编辑多边形 选项，将模型转换为可编辑多边形。在模型上添加细分曲线，并调节节点到如图 10.5.2 所示的位置。按"Alt+Q"键将所选模型独立显示，选择如图 10.5.3 所示的面，按 Delete 键删除。

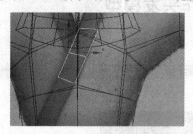
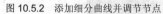

图 10.5.2　添加细分曲线并调节节点

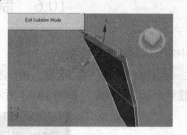

图 10.5.3　选择面

（3）选择如图 10.5.4 所示的边界，按住 Shift 键拖动复制出衣襟模型，单击 退出孤立模式 按钮，效果如图 10.5.5 所示。

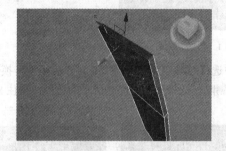

图 10.5.4　选择边界

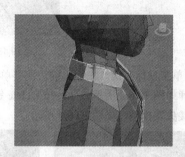

图 10.5.5　复制效果

（4）下面来制作腰带模型。单击 管状体 按钮，在顶视图中创建一个管状体模型，在修改命令面板的参数卷展栏中设置参数如图 10.5.6 所示。

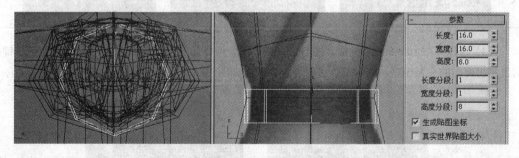

图 10.5.6　创建管状体

（5）选择腰带模型里面的面，如图 10.5.7 所示，按 Delete 键删除。将腰带模型按照身体模型调整形状，如图 10.5.8 所示。为模型指定默认的材质，制作完成的衣襟和腰带模型效果如图 10.5.9 所示。

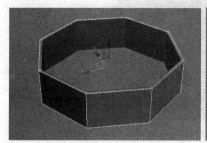

图 10.5.7　选择面

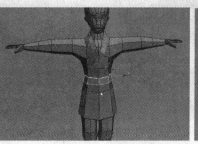

图 10.5.8　调节腰带形状

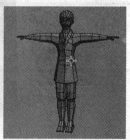

图 10.5.9　指定默认材质

10.6　制作头发模型

在本节中制作人物的头发模型。

（1）在 创建命令面板的 区域，选择 标准基本体 类型，单击 长方体 按钮，在前视图中创建一个长方体模型，如图 10.6.1 所示。

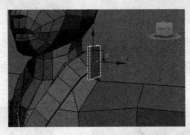

图 10.6.1　创建长方体

（2）单击鼠标右键，在弹出的快捷菜单中选择 转换为可编辑多边形 选项，将模型转换为可编辑多边形。选择如图 10.6.2 所示的面，按 Delete 键删除。选择如图 10.6.3 所示的边界，按住 Shift 键拖动复制出一缕头发模型，如图 10.6.4 所示。

图 10.6.2　选择面　　　　　　　图 10.6.3　选择边界　　　　　　　图 10.6.4　复制效果

（3）选择如图 10.6.5 所示的面，按 Delete 键删除。选择如图 10.6.6 所示的边界，按住 Shift 键拖动复制出前面的头发模型，并对节点进行调节，效果如图 10.6.7 所示。

图 10.6.5　选择面　　　　　　　　　图 10.6.6　选择边界

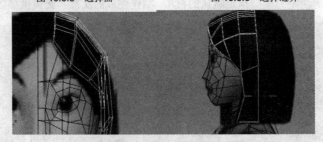

图 10.6.7　复制边界并调节节点

（4）用同样的方法制作出头发模型。用 镜像命令镜像复制出另一侧的头发模型。然后单击

附加 按钮，单击另一个复制的模型，将头发模型合并。

（5）按"Alt+X"快捷键，将物体透明化显示，进入点物体层级，单击 目标焊接 按钮，焊接头发模型之间相邻的节点，如图 10.6.8 所示。按"Alt+X"快捷键，恢复模型实体显示，效果如图 10.6.9 所示。

图 10.6.8　焊接节点　　　　　　　　　　　图 10.6.9　焊接效果

（6）为模型指定默认的材质，光滑显示后的头发模型如图 10.6.10 所示。至此，卡通人物模型制作完成，效果如图 10.6.11 所示。

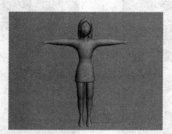

图 10.6.10　光滑效果　　　　　　　　　图 10.6.11　卡通人物最终模型效果

10.7　展　开　UV

在本节中，展开模型的 UV 效果，以便后面更方便地进行贴图绘制。

（1）首先来展开头部的 UV。选择如图 10.7.1 所示的模型，在修改命令面板的 修改器列表 下拉菜单中选择 UVW 展开 选项，给选择的模型添加一个 UVW 展开修改器，在 编辑 UV 卷展栏中单击 打开 UV 编辑器... 按钮，在弹出的 编辑 UVW 对话框中调节 UV 到如图 10.7.2 所示的形状。

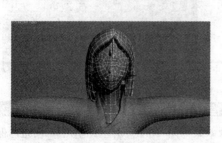
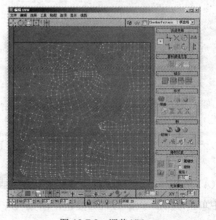

图 10.7.1　选择头部模型　　　　　　　　图 10.7.2　调节 UV

Tips ● ● ●

> 不同对象的 UVW 在编辑器中通常从相同的位置开始，因此，最好在编辑前将它们分离。要节省时间，请使用"工具"菜单中的"紧缩 UV"功能。

（2）在 **编辑 UVW** 对话框中选择 **工具** → **渲染 UVW 模板...** 选项，在弹出的 **渲染 UVs** 对话框中单击 **渲染 UV 模板** 按钮，如图 10.7.3 所示，渲染 UV 模板效果如图 10.7.4 所示。单击 按钮，保存渲染贴图。

图 10.7.3 "渲染 UVs" 对话框

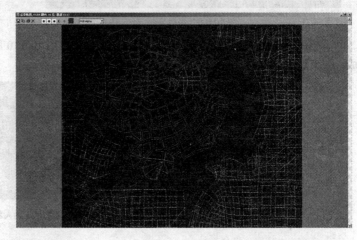

图 10.7.4 渲染贴图效果

（3）接下来展开衣领和袖口的 UV。选择如图 10.7.5 所示的模型，在修改命令面板的 **修改器列表** 下拉菜单中选择 **UVW 展开** 选项，给选择的模型添加一个 UVW 展开修改器，在 **编辑 UV** 卷展栏中单击 **打开 UV 编辑器...** 按钮，在弹出的 **编辑 UVW** 对话框中调节 UV 到如图 10.7.6 所示的形状。

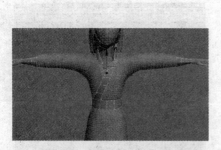

图 10.7.5 选择衣领和袖口模型

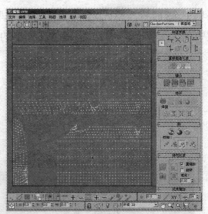

图 10.7.6 调节 UV

（4）在 **编辑 UVW** 对话框中选择 **工具** → **渲染 UVW 模板...** 选项，在弹出的 **渲染 UVs** 对话框中单击 **渲染 UV 模板** 按钮，渲染 UV 模板效果如图 10.7.7 所示。单击 按钮，保存渲染贴图。

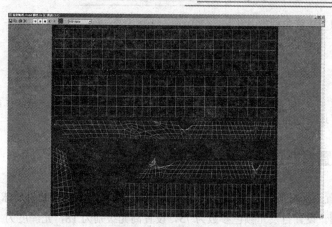

图 10.7.7　渲染贴图效果

（5）下面来展开衣服和鞋的 UV。选择如图 10.7.8 所示的模型，在修改命令面板的 修改器列表 下拉菜单中选择 UVW 展开 选项，给选择的模型添加一个 UVW 展开修改器，在 编辑 UV 卷展栏中单击 打开 UV 编辑器... 按钮，在弹出的 编辑 UVW 对话框中调节 UV 到如图 10.7.9 所示的形状。

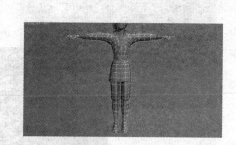

图 10.7.8　选择衣服模型

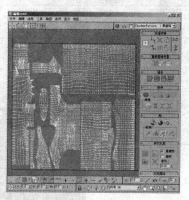

图 10.7.9　调节 UV

（6）在 编辑 UVW 对话框中选择 工具 → 渲染 UVW 模板... 选项，在弹出的 渲染 UVs 对话框中单击 渲染 UV 模板 按钮，渲染 UV 模板效果如图 10.7.10 所示。单击 按钮，保存渲染贴图。

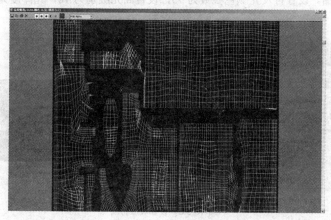

图 10.7.10　渲染贴图效果

至此，人体的 UV 就全部展开了。

10.8 设置材质、灯光效果

在本节中设置场景的材质、灯光效果。

10.8.1 设置材质效果

（1）首先设置头部材质。按 M 键打开材质编辑器，选择一个空白的材质球，在漫反射通道中添加一张头部的贴图。设置自发光颜色参数为 75，设置高光级别为 18，光泽度为 13，具体参数设置如图 10.8.1 所示。

（2）接下来设置衣领和袖口材质。按 M 键打开材质编辑器，选择一个空白的材质球，在漫反射通道中添加一张纹理的贴图。设置自发光颜色参数为 75，设置高光级别为 10，光泽度为 10，具体参数设置如图 10.8.2 所示。

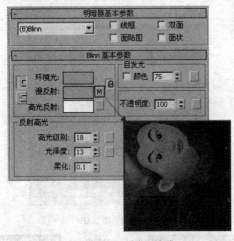

图 10.8.1 设置头部材质

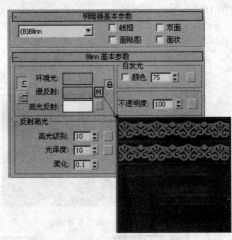

图 10.8.2 设置衣领和袖口材质

（3）下面来设置衣服材质。按 M 键打开材质编辑器，选择一个空白的材质球，在漫反射通道中添加一张衣服的贴图。设置自发光颜色参数为 75，设置高光级别为 10，光泽度为 10，具体参数设置如图 10.8.3 所示。

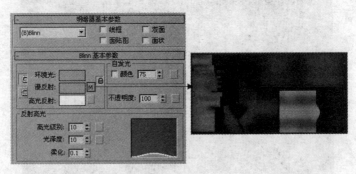

图 10.8.3 设置衣服材质

10.8.2 设置灯光效果

在这一小节中设置场景的灯光效果。

（1）在 创建命令面板的 区域，选择 标准 类型，单击 目标聚光灯 按钮，在场景中创建一盏目标聚光灯，如图 10.8.4 所示。

图 10.8.4 创建目标聚光灯

（2）在修改命令面板中设置灯光参数如图 10.8.5 所示。

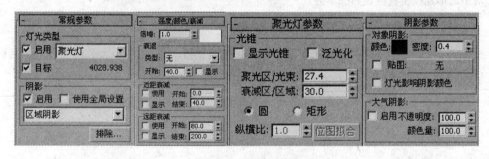

图 10.8.5 设置灯光参数

（3）单击 目标聚光灯 按钮，在场景中创建另外一盏目标聚光灯，如图 10.8.6 所示。

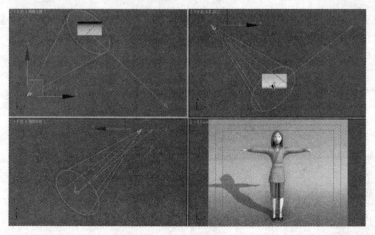

图 10.8.6 创建目标聚光灯

（4）在修改命令面板中设置灯光参数如图 10.8.7 所示。

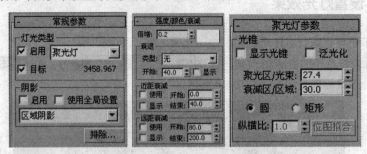

图 10.8.7　设置灯光参数

（5）至此，卡通人物的材质灯光效果设置完成，将设置的材质指定给卡通人物模型，按 F9 键对场景进行渲染，效果如图 10.0.1 所示。

本 章 小 结

在本章中，主要制作了一个卡通人物的模型。卡通人物的制作以低面数为主，主要表现人物的大体轮廓和形状，对细节的刻画比较少。通过本章的学习，我们应该对低面数人体建模有一个大体的了解，对多边形建模工具应该熟练掌握。

第 11 章　制作马模型

制作生物模型，首先必须要了解想要制作的动物的基本形态特征以及结构比例，这样在制作过程中可以对动物的形态有个基本的定位，避免在制作中走弯路。编辑多边形命令是用 3DS MAX 制作模型中一定要掌握的工具，可编辑多边形中的选择卷展栏为提供了对多边形几何体各个子物体层级的选择功能，位于顶端的 5 个按钮分别对应多边形几何体的 5 个子物体层级，依次为顶点、边线、边界、面以及元素。当按钮显示黄色的时候，表示该层级被选取，再次点击，将退出该层级。键盘上的数字键 1~5 分别对应 5 个子物体层级，按键 6 表示退出子物体层级（注意：小键盘上的数字键无效）。本章将使用多边形细分的方法来制作马模型。

本章知识重点

➤ 利用长方体建模制作出马的大体模型，编辑点、线、面来制作出细微部分。

➤ 了解布线疏密关系在建模过程中的重要性。

➤ 透过三视图约束模型的基本形状，并结合镜像命令简化模型制作过程。

➤ 使用目标焊接、切割和移除等各种多边形编辑命令对马的肌肉结构进行塑造。

在这一章中，将学习如何使用 3DS MAX 制作一匹马的模型，渲染效果如图 11.0.1 所示。

图 11.0.1　马的渲染效果

11.1　头部及身体建模

首先来制作马的头部及身体模型。

11.1.1　制作身体和头部轮廓模型

在本小节中来制作身体和头部的大体轮廓效果。

（1）打开 3DS MAX 软件，在工具栏上单击 视图(V) 按钮，在弹出的下拉菜单中选择 视口背景 → 视口背景(B)... 选项，在弹出的 视口背景 对话框中单击 文件... 按钮，在弹出的

选择背景图像 对话框中选择一张马的图片，在 视口背景 对话框中设置参数如图 11.1.1 所示，视图显示如图 11.1.2 所示。

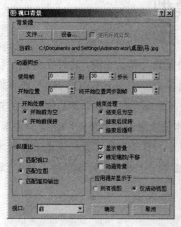
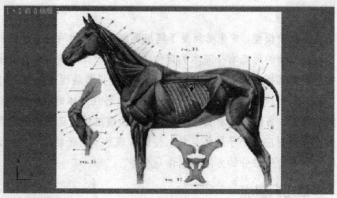

图 11.1.1　"视口背景"对话框　　　　图 11.1.2　导入参考图效果

（2）在 创建命令面板的 区域，选择 标准基本体 类型，单击 长方体 按钮，在视图中创建一个长方体模型，在 修改命令面板的 参数 卷展栏中设置参数如图 11.1.3 所示，模型显示如图 11.1.4 所示。单击鼠标右键，在弹出的快捷菜单中选择 转换为可编辑多边形 选项，将模型转换为可编辑多边形。

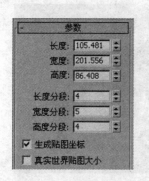
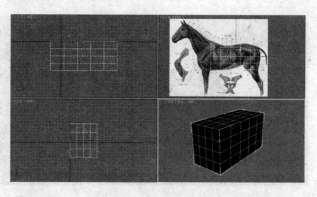

图 11.1.3　设置长方体参数　　　　图 11.1.4　长方体效果

（3）选择如图 11.1.5 所示的面，按 Delete 键删除，如图 11.1.6 所示。调节模型上的点到如图 11.1.7 所示的位置。

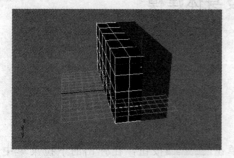
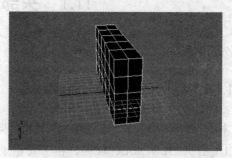

图 11.1.5　选择面　　　　图 11.1.6　删除面

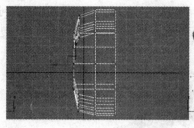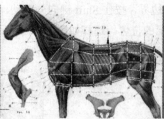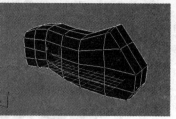

图 11.1.7　调节节点

（4）选择如图 11.1.8 所示的边，利用缩放工具调节到如图 11.1.9 所示的位置。选择如图 11.1.10 所示的边界，利用缩放工具调节到如图 11.1.11 所示的位置。

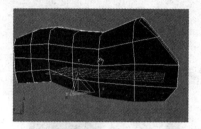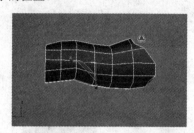

图 11.1.8　选择边　　　　　　　　　　图 11.1.9　调节边

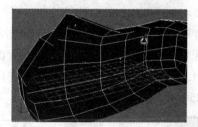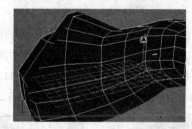

图 11.1.10　选择边界　　　　　　　　图 11.1.11　调节边界

（5）选择如图 11.1.12 所示的边界，单击　封口　按钮，进行封口操作，如图 11.1.13 所示。选择如图 11.1.14 所示的面，按 Delete 键删除，如图 11.1.15 所示。

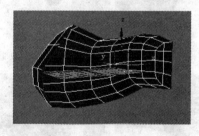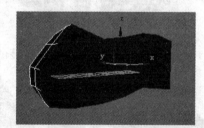

图 11.1.12　选择边界　　　　　　　　图 11.1.13　封口效果

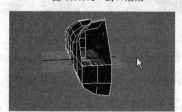

图 11.1.14　选择面　　　　　　　　　图 11.1.15　删除面

（6）选择如图 11.1.16 所示的边界，按住 Shift 键向外拖动，复制出如图 11.1.17 所示的边沿，利用缩放工具调节到如图 11.1.18 所示的位置。选择如图 11.1.18 所示的边，按住 Shift 键向外拖动，复制出一个边沿，利用缩放工具调节到如图 11.1.19 所示的位置。

图 11.1.16　选择边界

图 11.1.17　复制效果

图 11.1.18　选择边界

图 11.1.19　复制效果

（7）下面使用对边界的拖动复制操作来制作出马的头部轮廓。选择如图 11.1.20 所示的边，按住 Shift 键向外拖动，复制出一个边沿，并调节到如图 11.1.21 所示的位置，再按住 Shift 键向外拖动，复制出如图 11.1.22 所示的边沿，并调节到如图 11.1.23 所示的位置，继续按住 Shift 键向外拖动，复制出如图 11.1.24 所示的边沿，并调节到如图 11.1.25 所示的位置。

图 11.1.20　选择边

图 11.1.21　复制效果

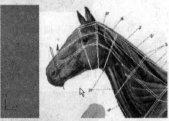
图 11.1.22　复制效果

图 11.1.23　调节边

图 11.1.24　复制效果

图 11.1.25　调节边

（8）选择如图 11.1.26 所示的边，调节到如图 11.1.27 所示的位置。选择如图 11.1.28 所示的边，调节到如图 11.1.29 所示的位置。

图 11.1.26　选择边　　　　　　　　图 11.1.27　调节边

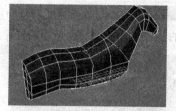

图 11.1.28　选择边　　　　　　　　图 11.1.29　调节边

　　（9）选择如图 11.1.30 所示的点，调节到如图 11.1.31 所示的位置。选择如图 11.1.32 所示的边，调节到如图 11.1.33 所示的位置。

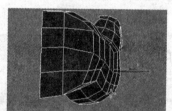

图 11.1.30　选择节点　　　　　　　图 11.1.31　调节节点

图 11.1.32　选择边　　　　　　　　图 11.1.33　调节边

　　（10）选择如图 11.1.34 所示的点，调节到如图 11.1.35 所示的位置。

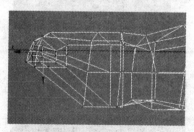
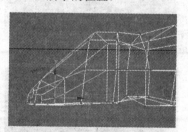

图 11.1.34　选择节点　　　　　　　图 11.1.35　调节节点

　　（11）选择模型，在 🖋修改命令面板的 修改器列表 ▼ 下拉菜单中选择 对称 选项，在 ⁃ 参数 卷展栏中设置参数如图 11.1.36 所示，沿 Z 轴镜像对称所选模型，如图 11.1.37 所示。

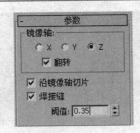

图 11.1.36　设置对称参数

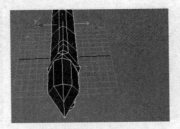

图 11.1.37　对称效果

（12）在 对称 堆栈栏中选择 镜像 选项，调节模型到如图 11.1.38 所示的位置。调节模型上的节点到如图 11.1.39 所示的位置。

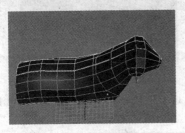

图 11.1.38　调节模型位置

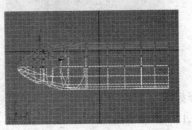

图 11.1.39　调节节点

提示　Tips ● ● ●

镜像 gizmo 的位置代表通过对称影响对象的方式。可以对其进行移动或旋转，也可以设置 Gizmo 动画。

（13）选择如图 11.1.40 所示的边，利用缩放工具调节到如图 11.1.41 所示的位置。选择如图 11.1.42 所示的边，调节到如图 11.1.43 所示的位置。

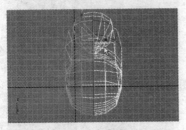

图 11.1.40　选择边

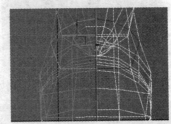

图 11.1.41　调节边

图 11.1.42　选择边

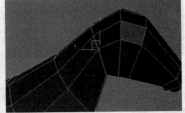

图 11.1.43　调节边

（14）选择如图 11.1.44 所示的边，调节到如图 11.1.45 所示的位置。选择如图 11.1.46 所示的边，调节到如图 11.1.47 所示的位置。

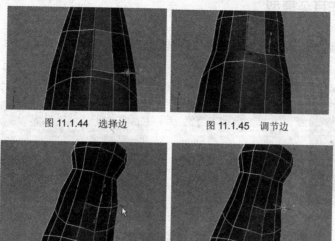

图 11.1.44　选择边　　　　　　　　图 11.1.45　调节边

图 11.1.46　选择边　　　　　　　　图 11.1.47　调节边

（15）选择如图 11.1.48 所示的边，调节到如图 11.1.49 所示的位置。选择如图 11.1.50 所示的边，调节到如图 11.1.51 所示的位置。

图 11.1.48　选择边　　　　　　　　图 11.1.49　调节边

图 11.1.50　选择边　　　　　　　　图 11.1.51　调节边

（16）选择如图 11.1.52 所示的点，调节到如图 11.1.53 所示的位置。

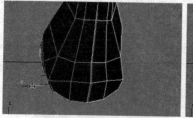 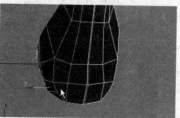

图 11.1.52　选择节点　　　　　　　图 11.1.53　调节节点

11.1.2　制作耳朵模型

在本小节中，通过对面的插入和挤出操作来制作马的耳朵结构。

（1）调节模型上的点到如图 11.1.54 所示的位置。选择如图 11.1.55 所示的面，　单击 **插入 □** 后面的小按钮，在弹出的 **‖插入** 对话框中设置参数如图 11.1.56 所示，模型显示如图 11.1.57 所示。

图 11.1.54　调节节点

图 11.1.55　选择面

图 11.1.56　设置插入参数

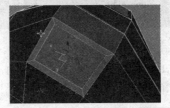
图 11.1.57　插入效果

  Tips ● ● ●

如果在执行手动插入后单击该按钮，对当前选定对象和预览对象上执行的插入操作相同。此时，将会打开该对话框，其中"插入量"被设置为最后一次手动插入时的量。

（2）选择如图 11.1.58 所示的面，单击 **挤出 □** 后面的小按钮，在弹出的 **‖挤出多边形** 对话框中设置挤出参数如图 11.1.59 所示，挤出效果如图 11.1.60 所示。利用旋转工具调节所选择的面到如图 11.1.61 所示的位置。

图 11.1.58　选择面

图 11.1.59　设置挤出多边形参数

图 11.1.60　挤出效果

图 11.1.61　旋转面

（3）选择如图 11.1.62 所示的边，单击 连接 按钮添加细分曲线，如图 11.1.63 所示。依照此方法，给其他几组相同的边添加细分曲线，结果如图 11.1.64 所示。

图 11.1.62　选择边　　　　图 11.1.63　连接效果　　　　图 11.1.64　添加细分曲线

（4）选择如图 11.1.65 所示的边，调节到如图 11.1.66 所示的位置，再次调节模型上的点到如图 11.1.67 所示的位置。

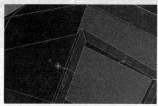

图 11.1.65　选择边　　　　图 11.1.66　调节节点　　　　图 11.1.67　调节节点

（5）选择如图 11.1.68 所示的面，单击 挤出 按钮，挤出所选择的面到如图 11.1.69 所示的位置。单击 目标焊接 按钮焊接节点，如图 11.1.70 所示。

图 11.1.68　选择面　　　　图 11.1.69　挤出效果

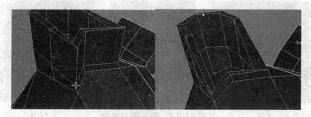

图 11.1.70　焊接节点

（6）调节模型上的点到如图 11.1.71 所示的位置。至此，耳朵模型制作完成。

图 11.1.71　调节节点

11.2　制作腿部模型

在这一节中，介绍马的腿部模型的制作方法。

（1）选择如图 11.2.1 所示的面，按 Delete 键删除，如图 11.2.2 所示。选择如图 11.2.3 所示的边，按住 Shift 键向下拖动，复制出边沿，并调节到如图 11.2.4 所示的位置。

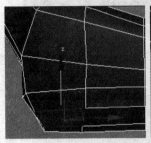 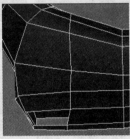  

图 11.2.1　选择面　　　图 11.2.2　删除面　　　图 11.2.3　选择边　　　图 11.2.4　复制并调节边

（2）依照上面的操作制作出后腿，如图 11.2.5 所示。调节模型上的点到如图 11.2.6 所示的位置。

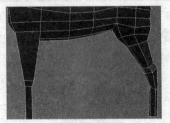 

图 11.2.5　制作后退模型　　　　　　　图 11.2.6　调节节点

（3）选择如图 11.2.7 所示的面，单击 倒角 □ 后面的小按钮，在弹出的 倒角 对话框中设置参数如图 11.2.8 所示，倒角效果如图 11.2.9 所示。

图 11.2.7　选择面　　　图 11.2.8　设置倒角参数　　　图 11.2.9　倒角效果

（4）单击 目标焊接 按钮焊接节点，如图 11.2.10 所示。选择如图 11.2.11 所示的点，调节到如图 11.2.12 所示的位置。

 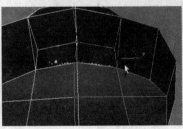 

图 11.2.10　焊接节点　　　图 11.2.11　选择节点　　　图 11.2.12　调节节点

（5）选择如图 11.2.13 所示的面，按 Delete 键删除，如图 11.2.14 所示。选择如图 11.2.15 所示的边，按住 Shift 键向外拖动，复制出如图 11.2.16 所示的边沿。

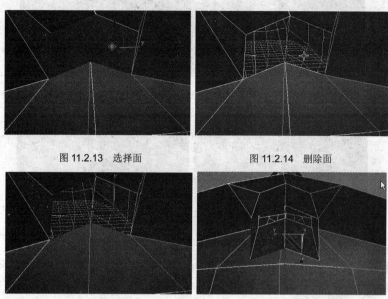

图 11.2.13　选择面　　　　　　　　　　图 11.2.14　删除面

图 11.2.15　选择边　　　　　　　　　　图 11.2.16　复制效果

（6）调节模型上的点到如图 11.2.17 所示的位置。选择如图 11.2.18 所示的边界，按住 Shift 键向外拖动，复制出如图 11.2.19 所示的边界，单击 封口 按钮，对所选边界进行封口操作。

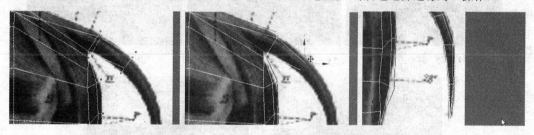

图 11.2.17　调节节点　　　　　　图 11.2.18　选择边界　　　　　　图 11.2.19　复制效果

（7）调节模型上的点到如图 11.2.20 所示的位置。单击 1 按钮，显示一半的模型，如图 11.2.21 所示。

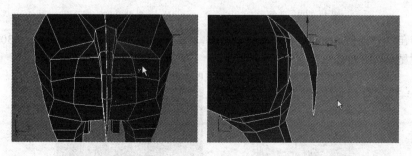

图 11.2.20　调节节点　　　　　　　　　图 11.2.21　显示一半模型

（8）单击鼠标右键，在弹出的快捷菜单中选择 剪切 选项，切割细分曲线，如图 11.2.22 所示。选择如图 11.2.23 所示的面，按 Delete 键删除，如图 11.2.24 所示。

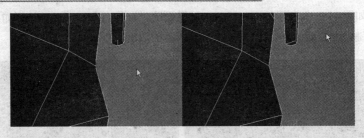

图 11.2.22　切割细分曲线

图 11.2.23　选择面　　　　　　　　　图 11.2.24　删除面

（9）单击 Ⅱ 按钮，显示一半的模型，如图 11.2.25 所示。选择如图 11.2.26 所示的面，按 Delete 键删除，如图 11.2.27 所示。选择如图 11.2.28 所示的面，按 Delete 键删除，如图 11.2.29 所示。

  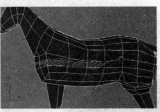

图 11.2.25　显示一半模型　　　　图 11.2.26　选择面　　　　　图 11.2.27　删除面

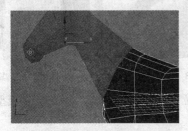 

图 11.2.28　选择面　　　　　　　　图 11.2.29　删除面

（10）在 修改命令面板的「　　　　细分曲面　　　」卷展栏中设置参数如图 11.2.30 所示，打开细分，模型显示如图 11.2.31 所示。

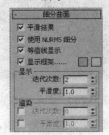 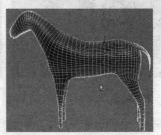

图 11.2.30　设置细分曲面参数　　　图 11.2.31　细分曲面效果

Tips ●●●

> NURMS 细分在"可编辑多边形"和"网格平滑"中的区别在于,后者可以使用户有权控制顶点,而前者不能。

(11)关闭细分,选择如图 11.2.32 所示的边,按住 Shift 键向下拖动,复制出如图 11.2.33 所示的边沿,利用缩放工具调节到如图 11.2.34 所示的位置,按住 Shift 键向下拖动,复制出如图 11.2.35 所示的边沿,利用缩放工具调节到如图 11.2.36 所示的位置,单击 封口 按钮,对所选面进行封口操作,效果如图 11.2.37 所示。

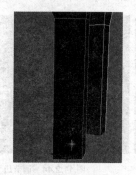  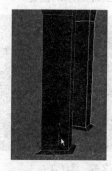

图 11.2.32 选择边　　图 11.2.33 复制效果　　图 11.2.34 调节边

 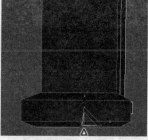 

图 11.2.35 复制效果　　图 11.2.36 调节边　　图 11.2.37 封口效果

(12)后蹄的制作方法跟前蹄的相同,这里不再作介绍,效果如图 11.2.38 所示。

图 11.2.38 制作后蹄模型

(13)选择如图 11.2.39 所示的边,单击 连接 按钮,添加细分曲线,如图 11.2.40 所示,调节到如图 11.2.41 所示的位置。

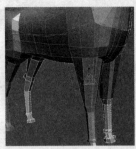

图 11.2.39　选择边　　　　　图 11.2.40　连接效果　　　　　图 11.2.41　调节边

（14）选择如图 11.2.42 所示的边，单击 连接 按钮，添加细分曲线，如图 11.2.43 所示，并调节到如图 11.2.44 所示的位置。

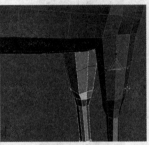
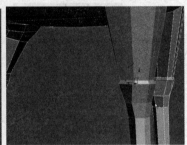

图 11.2.42　选择边　　　　　图 11.2.43　连接效果　　　　　图 11.2.44　调节边

（15）选择如图 11.2.45 所示的边，调节到如图 11.2.46 所示的位置。选择如图 11.2.47 所示的边，调节到如图 11.2.48 所示的位置。

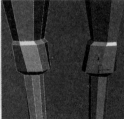

图 11.2.45　选择边　　　图 11.2.46　调节边　　　图 11.2.47　选择边　　　图 11.2.48　调节边

（16）选择如图 11.2.49 所示的边，调节到如图 11.2.50 所示的位置。选择如图 11.2.51 所示的边，调节到如图 11.2.52 所示的位置。

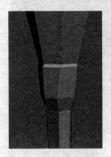
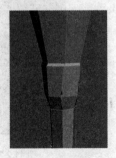
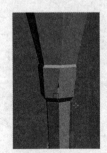

图 11.2.49　选择边　　　图 11.2.50　调节边　　　图 11.2.51　选择边　　　图 11.2.52　调节边

（17）选择如图 11.2.53 所示的面，单击 倒角 右边的小按钮，在弹出的 倒角 对话框中设置参数如图 11.2.54 所示，倒角效果如图 11.2.55 所示。调节模型上的点到如图 11.2.56 所示的位置。

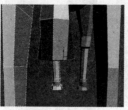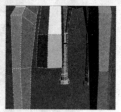

图 11.2.53　选择面　　图 11.2.54　设置倒角参数　　图 11.2.55　倒角效果　　图 11.2.56　调节节点

（18）选择如图 11.2.57 所示的面，按 Delete 键删除，如图 11.2.58 所示。选择如图 11.2.59 所示的边，按住 Shift 键向下拖动，复制出如图 11.2.60 所示的边沿。

图 11.2.57　选择面　　　　　　　　　图 11.2.58　删除面

图 11.2.59　选择边　　　　　　图 11.2.60　复制效果

（19）调节边到如图 11.2.61 所示的位置，按住 Shift 键向下拖动，复制出如图 11.2.62 所示的边沿，并调节到如图 11.2.63 所示的位置，单击 封口 按钮，对所选面进行封口操作。

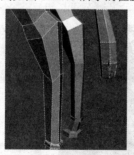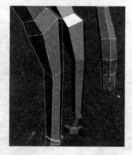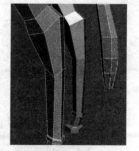

图 11.2.61　调节边　　　　　图 11.2.62　复制效果　　　　　图 11.2.63　调节边

（20）单击 按钮，选择如图 11.2.64 所示的面，按 Delete 键删除，如图 11.2.65 所示。单击 按钮显示最终效果，如图 11.2.66 所示。调节模型上的点到如图 11.2.67 所示的位置，打开细分，效果如图 11.2.68 所示。

图 11.2.64　选择面

图 11.2.65　删除面

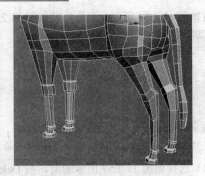
图 11.2.66　显示最终效果

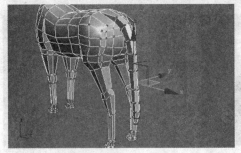
图 11.2.67　调节节点

图 11.2.68　细分曲面效果

（21）在点级别下，单击鼠标右键，在弹出的快捷菜单中选择 剪切 选项，在模型上切割细分边，如图 11.2.69 所示。选择如图 11.2.70 所示的边，单击 移除 按钮，删除所选边，如图 11.2.71 所示。

图 11.2.69　切割细分曲线

图 11.2.70　选择边

图 11.2.71　移除边

（22）在点级别下，单击鼠标右键，在弹出的快捷菜单中选择 剪切 选项，在模型上切割细分边，如图 11.2.72 所示。选择如图 11.2.73 所示的边，单击 移除 按钮删除所选边，如图 11.2.74 所示。

图 11.2.72　切割细分曲线

　　　图 11.2.73　选择边　　　　　　　　　图 11.2.74　移除边

　　（23）在点级别下，单击鼠标右键，在弹出的快捷菜单中选择 剪切 选项，在模型上切割细分边，如图 11.2.75 所示。调节模型上的点到如图 11.2.76 所示的位置。

　　　　图 11.2.75　切割细分曲线　　　　　　　图 11.2.76　调节节点

　　（24）在点级别下，单击鼠标右键，在弹出的快捷菜单中选择 剪切 选项，在模型上切割细分边，如图 11.2.77 所示。选择如图 11.2.78 所示的边，单击 移除 按钮删除，如图 11.2.79 所示。

图 11.2.77　切割细分曲线

　　　图 11.2.78　选择边　　　　　　　　　图 11.2.79　移除边

（25）在点级别下，单击鼠标右键，在弹出的快捷菜单中选择 切切 选项，在模型上切割细分边，如图 11.2.80 所示。选择如图 11.2.81 所示的边，单击 移除 按钮，删除所选边，如图 11.2.82 所示。

图 11.2.80　切割细分曲线

图 11.2.81　选择边　　　　　　　　　　图 11.2.82　移除边

（26）单击 按钮显示一半模型，如图 11.2.83 所示。调节模型上的点到如图 11.2.84 所示的位置。单击 按钮显示最终效果，如图 11.2.85 所示。打开细分，效果如图 11.2.86 所示。

图 11.2.83　显示一半模型　　图 11.2.84　调节节点　　图 11.2.85　最终显示效果　　图 11.2.86　细分效果

11.3　细化头部结构

在本节中，通过添加细分曲线以及调节节点来细化头部结构，使头部模型更加精致，同时制作出头部的其他机构。

（1）关闭细分，调节模型上的点到如图 11.3.1 所示的位置。选择如图 11.3.2 所示的边，单击 连接 按钮添加细分曲线，如图 11.3.3 所示。

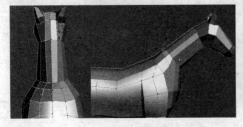

图 11.3.1　调节节点　　　　　　　图 11.3.2　选择边　　　　　　图 11.3.3　连接效果

（2）选择如图 11.3.4 所示的点，调节到如图 11.3.5 所示的位置。选择如图 11.3.6 所示的边，单击 连接 按钮添加细分曲线，如图 11.3.7 所示。

图 11.3.4　选择节点　　　图 11.3.5　调节节点　　　图 11.3.6　选择边　　　图 11.3.7　连接效果

（3）单击 切割 按钮，在模型上切出细分曲线，如图 11.3.8 所示。选择如图 11.3.9 所示的边，单击 连接 按钮添加细分曲线，如图 11.3.10 所示。

图 11.3.8　切割细分曲线　　　　图 11.3.9　选择边　　　图 11.3.10　连接效果

（4）选择如图 11.3.11 所示的边，单击 连接 按钮，添加细分曲线，如图 11.3.12 所示。调节模型上的点到如图 11.3.13 所示的位置。

图 11.3.11　选择边　　　图 11.3.12　连接效果　　　　图 11.3.13　调节节点

（5）选择如图 11.3.14 所示的面，单击 倒角 □ 后面的小按钮，在弹出的 ‖倒角 对话框中设置参数如图 11.3.15 所示，倒角效果如图 11.3.16 所示。

图 11.3.14　选择面　　　图 11.3.15　设置倒角参数　　　图 11.3.16　倒角效果

（6）单击 目标焊接 按钮焊接节点，如图 11.3.17 所示。选择如图 11.3.18 所示的面，调节到如

图 11.3.19 所示的位置。

图 11.3.17 焊接节点

图 11.3.18 选择面

图 11.3.19 调节面

（7）调节模型上的点到如图 11.3.20 所示的位置。单击 [切割] 按钮，在模型上切出细分曲线，效果如图 11.3.21 所示。

图 11.3.20 调节节点

图 11.3.21 切割细分曲线

（8）选择如图 11.3.22 所示的边，单击 [移除] 按钮删除，如图 11.3.23 所示。选择如图 11.3.24 所示的点，单击 [切角 □] 右边的小按钮，在弹出的 [切角] 对话框中设置切角参数如图 11.3.25 所示，切角效果如图 11.3.26 所示。

图 11.3.22 选择边

图 11.3.23 移除边

图 11.3.24 选择节点

图 11.3.25 设置切角参数

图 11.3.26 切角效果

（9）选择如图 11.3.27 所示的面，按 Delete 键删除，如图 11.3.28 所示。选择如图 11.3.29 所示的边，利用缩放工具，按住 Shift 键向内拖动，复制出如图 11.3.30 所示的边沿。

图 11.3.27　选择面

图 11.3.28　删除面

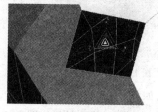

图 11.3.29　选择边

图 11.3.30　复制效果

（10）选择如图 11.3.31 所示的点，调节到如图 11.3.32 所示的位置。选择如图 11.3.33 所示的点，调节到如图 11.3.34 所示的位置。打开细分，效果如图 11.3.35 所示。

图 11.3.31　选择节点

图 11.3.32　调节节点

图 11.3.33　选择节点

图 11.3.34　调节节点

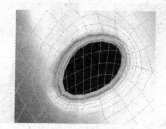

图 11.3.35　细分效果

（11）关闭细分，选择如图 11.3.36 所示的边，利用旋转工具调节到如图 11.3.37 所示的位置。打开细分，如图 11.3.38 所示。

图 11.3.36　选择边

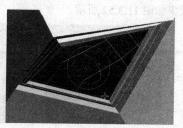

图 11.3.37　旋转所选边

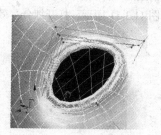

图 11.3.38　细分效果

（12）下面来制作眼球模型。在 ┼ 创建命令面板的 ◯ 区域，选择 标准基本体 ▼ 类型，单击 球体 按钮，在视图中创建一个球体模型，在 参数 卷展栏中设置参数如图 11.3.39 所示，模型效果如图 11.3.40 所示。

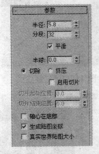

图 11.3.39　设置球体参数　　　　　图 11.3.40　球体模型

（13）选择如图 11.3.41 所示的点，调节到如图 11.3.42 所示的位置。在球体模型的 参数 卷展栏中设置参数如图 11.3.43 所示，模型效果如图 11.3.44 所示。

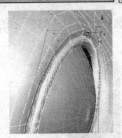

图 11.3.41　选择节点　　　图 11.3.42　调节节点　　　图 11.3.43　设置球体参数　　　图 11.3.44　模型效果

（14）关闭细分，单击 附加 按钮合并模型，如图 11.3.45 所示。选择如图 11.3.46 所示的面，按 Delete 键删除，如图 11.3.47 所示。

图 11.3.45　合并模型　　　　　图 11.3.46　选择面　　　　　图 11.3.47　删除面

（15）选择如图 11.3.48 所示的边界，利用缩放工具，按住 Shift 键向内拖动，复制出如图 11.3.49 所示的边沿，并调节到如图 11.3.50 所示的位置。单击 封口 按钮，对所选面进行封口操作，效果如图 11.3.51 所示。打开细分，效果如图 11.3.52 所示。

图 11.3.48　选择边界　　　　　图 11.3.49　复制效果　　　　　图 11.3.50　调节边界

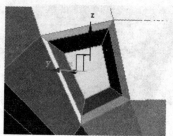

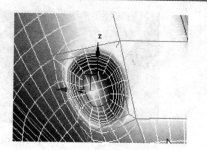

图 11.3.51　封口效果　　　　　　　　　　　　　图 11.3.52　细分效果

（16）选择如图 11.3.53 所示的面,利用缩放工具调节到如图 11.3.54 所示的位置。选择如图 11.3.55 所示的点，调节到如图 11.3.56 所示的位置。

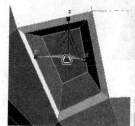   

图 11.3.53　选择面　　　　图 11.3.54　调节面　　　　图 11.3.55　选择节点　　　　图 11.3.56　调节节点

（17）选择如图 11.3.57 所示的面，单击 挤出 □ 后面的小按钮，在弹出的 挤出多边形 对话框中设置参数如图 11.3.58 所示，挤出效果如图 11.3.59 所示。单击 目标焊接 按钮焊接节点，效果如图 11.3.60 所示。

图 11.3.57　选择面　　　图 11.3.58　设置挤出参数　　　图 11.3.59　挤出效果　　　图 11.3.60　焊接节点

（18）选择如图 11.3.61 所示的面，单击 挤出 □ 后面的小按钮，在弹出的对话框中设置参数如图 11.3.62 所示，挤出效果如图 11.3.63 所示。

图 11.3.61　选择面　　　　图 11.3.62　设置挤出参数　　　　图 11.3.63　挤出效果

（19）选择如图 11.3.64 所示的面，按 Delete 键删除，如图 11.3.65 所示。单击 目标焊接 按钮焊接节点，如图 11.3.66 所示。

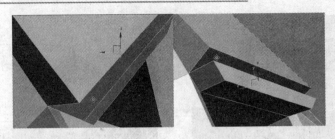

图 11.3.64 选择面

图 11.3.65 删除面

图 11.3.66 焊接节点

（20）选择如图 11.3.67 所示的点，调节到如图 11.3.68 所示的位置。打开细分，如图 11.3.69 所示。选择如图 11.3.70 所示的面，单击 挤出 □后面的小按钮，在弹出的 ‖挤出多边形 对话框中设置参数如图 11.3.71 所示，挤出效果如图 11.3.72 所示。

图 11.3.67 选择节点

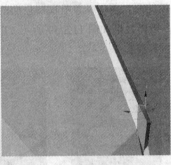

图 11.3.68 调节节点

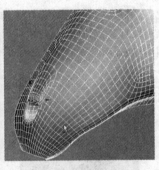

图 11.3.69 细分效果

图 11.3.70 选择面

图 11.3.71 设置挤出参数

图 11.3.72 挤出效果

（21）选择如图 11.3.73 所示的面，按 Delete 键除，如图 11.3.74 所示。单击 目标焊接 按钮焊接节点，如图 11.3.75 所示。调节模型上的点到如图 11.3.76 所示的位置，光滑效果如图 11.3.77 所示。

图 11.3.73 选择面

图 11.3.74 删除面

图 11.3.75 焊接节点

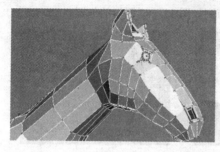

图 11.3.76 调节节点

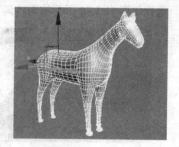
图 11.3.77 光滑效果

（22）单击 ⏚ 按钮，显示一半模型，如图 11.3.78 所示。选择如图 11.3.79 所示的边界，单击 封口 按钮，对所选面进行封口操作，如图 11.3.80 所示。

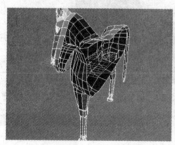
图 11.3.78 显示一半模型

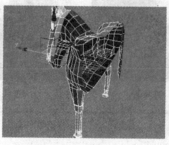
图 11.3.79 选择边界

图 11.3.80 封口效果

（23）单击鼠标右键，在弹出的快捷菜单中选择 剪切 选项，在模型上切割细分曲线，如图 11.3.81 所示。

图 11.3.81 切割细分曲线

（24）选择如图 11.3.82 所示的面，按 Delete 键删除，如图 11.3.83 所示。

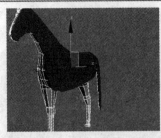
图 11.3.82　选择面

图 11.3.83　删除面

（25）选择如图 11.3.84 所示的点，单击 **断开** 按钮，断开所选择的点，调节节点到如图 11.3.85 所示的位置。选择如图 11.3.86 所示的面，调节到如图 11.3.87 所示的位置。

图 11.3.84　选择节点

图 11.3.85　调节节点

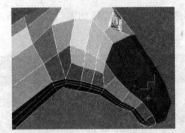
图 11.3.86　选择面

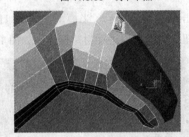
图 11.3.87　调节面

 提 示 Tips ● ● ●

　　断开工具为每一个附加到选定顶点的面创建新的顶点，可以移动面角使之互相远离它们曾经在原始顶点连接起来的地方。如果顶点是孤立的或者只有一个面使用，则顶点将不受影响。

（26）选择如图 11.3.88 所示的面，调节到如图 11.3.89 所示的位置。选择如图 11.3.90 所示的边，按住 Shift 键向下拖动，复制出如图 11.3.91 所示的边沿。

图 11.3.88　选择面

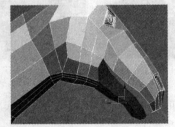
图 11.3.89　调节面

图 11.3.90　选择边

图 11.3.91　复制效果

（27）选择如图 11.3.92 所示的点，调节到如图 11.3.93 所示的位置。选择如图 11.3.94 所示的边，按住 Shift 键向下拖动，复制出如图 11.3.95 所示的边沿。

图 11.3.92　选择节点

图 11.3.93　调节节点

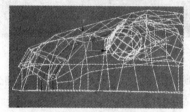
图 11.3.94　选择边

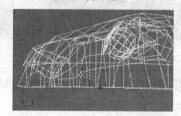
图 11.3.95　复制效果

（28）单击 切割 按钮，在模型上切割细分曲线，如图 11.3.96 所示。

图 11.3.96　切割细分曲线

（29）选择如图 11.3.97 所示的面，单击 倒角 □ 后面的小按钮，在弹出的 ‖倒角 对话框中设置参数如图 11.3.98 所示，倒角效果如图 11.3.99 所示。

图 11.3.97　选择面

图 11.3.98　设置倒角参数

图 11.3.99　倒角效果

（30）选择如图 11.3.100 所示的面，单击 倒角 □ 后面的小按钮，在弹出的 ‖倒角 对话框中设置参数如图 11.3.101 所示，倒角效果如图 11.3.102 所示。

图 11.3.100 选择面

图 11.3.101 设置倒角参数

图 11.3.102 倒角效果

（31）单击 H 按钮，最终显示效果如图 11.3.103 所示，打开细分，如图 11.3.104 所示。

图 11.3.103 最终显示效果

图 11.3.104 细分效果

（32）关闭细分和最终显示，调节模型上的点到如图 11.3.105 所示的位置。打开细分，如图 11.3.106 所示。

图 11.3.105 调节节点

图 11.3.106 细分效果

11.4 最终细化阶段

至此，马的大体模型已经制作完成，在这一节中，主要对模型进行进一步的细化，尽量使模型达到更加完美的效果。

（1）选择如图 11.4.1 所示的眼球元素，单击 分离 按钮，从模型上分离所选择的子模型。选择如图 11.4.2 所示的边，单击 连接 按钮，添加细分曲线，如图 11.4.3 所示。

图 11.4.1　选择眼球元素

图 11.4.2　选择边

图 11.4.3　连接效果

（2）选择如图 11.4.4 所示的点，调节到如图 11.4.5 所示的位置。选择如图 11.4.6 所示的点，调节到如图 11.4.7 所示的位置。选择如图 11.4.8 所示的点，调节到如图 11.4.9 所示的位置。

图 11.4.4　选择节点

图 11.4.5　调节节点

图 11.4.6　选择节点

图 11.4.7　调节节点

图 11.4.8　选择节点

图 11.4.9　调节节点

（3）选择如图 11.4.10 所示的边，单击 连接 按钮，添加细分曲线，如图 11.4.11 所示。单击鼠标右键，在弹出的快捷菜单中选择 剪切 选项，在模型上切割细分曲线，如图 11.4.12 所示。调节模型上的点到如图 11.4.13 所示的位置。

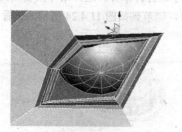
图 11.4.10　选择边

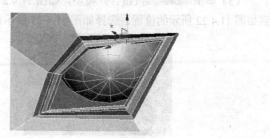
图 11.4.11　连接效果

图 11.4.12 切割细分曲线

图 11.4.13 调节节点

（4）选择如图 11.4.14 所示的边，单击 **连接** 按钮，添加细分曲线，如图 11.4.15 所示。单击鼠标右键，在弹出的快捷菜单中选择 **剪切** 选项，在模型上切割细分曲线，如图 11.4.16 所示。选择如图 11.4.17 所示的边，单击 **连接** 按钮，添加细分曲线，如图 11.4.18 所示。单击鼠标右键，在弹出的快捷菜单中选择 **剪切** 选项，在模型上切割细分曲线，如图 11.4.19 所示。调节模型上的点到如图 11.4.20 所示的位置。

图 11.4.14 选择边

图 11.4.15 连接效果

图 11.4.16 切割细分曲线

图 11.4.17 选择边

图 11.4.18 连接效果

图 11.4.19 切割细分曲线

图 11.4.20 调节节点

（5）单击 **附加** 按钮合并模型，如图 11.4.21 所示。打开细分，选择眼球模型，调节上面的点到如图 11.4.22 所示的位置。选择如图 11.4.23 所示的点，调节到如图 11.4.24 所示的位置。

图 11.4.21 合并模型

图 11.4.22 调节节点

图 11.4.23　选择节点　　　　　　　　　　图 11.4.24　调节节点

（6）选择如图 11.4.25 所示的点，调节到如图 11.4.26 所示的位置。

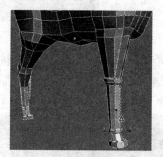

图 11.4.25　选择节点　　　　　　　　　　图 11.4.26　调节节点

11.5　制作鬃毛模型

在本节中，制作马的鬃毛模型，包括额头、脖子以及尾巴处的鬃毛。

（1）首先，制作脖子处的鬃毛模型。按 M 键打开材质编辑器，给模型指定一个默认的材质。在创建命令面板的 区域，选择 样条线 类型，单击 线 按钮，在前视图创建一条样条线，如图 11.5.1 所示；在顶视图中调节样条线上的节点到如图 11.5.2 所示的位置。

图 11.5.1　创建样条线　　　　　　　　　　图 11.5.2　调节节点

（2）在修改命令面板的 渲染 卷展栏中激活 ☑ 在渲染中启用 和 ☑ 在视口中启用 复选框，设置参数如图 11.5.3 所示，模型效果如图 11.5.4 所示。

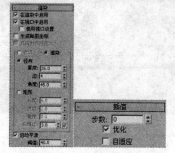

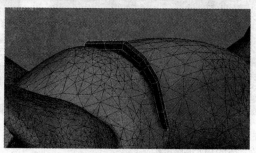

图 11.5.3　设置渲染和插值参数　　　　　　图 11.5.4　三维模型效果

（3）单击鼠标右键，将模型转换为可编辑多边形。切换到点级别，调节模型上的节点到如图 11.5.5 所示的位置。

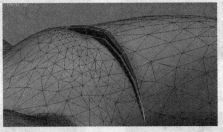

图 11.5.5 调节节点

（4）对制作的模型进行复制，制作出一侧脖子上的鬃毛模型，如图 11.5.6 所示。选择如图 11.5.7 所示的模型，在菜单栏中单击 按钮，在弹出的 镜像：屏幕 坐标 对话框中设置参数如图 11.5.8 所示，镜像复制效果如图 11.5.9 所示，这样就制作出了另一侧的鬃毛。

图 11.5.6 复制效果

图 11.5.7 选择模型

图 11.5.8 设置镜像参数

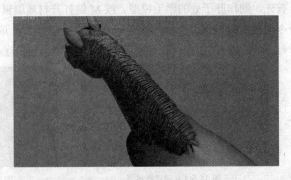

图 11.5.9 镜像复制效果

（5）使用相同的方法制作出额头和尾巴处的鬃毛模型，效果如图 11.5.10 和 11.5.11 所示。

图 11.5.10 额头鬃毛模型

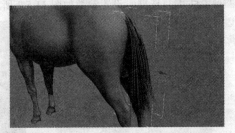

图 11.5.11 尾巴鬃毛模型

至此，马的模型制作完成。

11.6 设置材质、灯光效果

在本节中，来设置模型的材质效果以及场景的灯光效果。

11.6.1 设置材质效果

在这一小节中来设置模型的材质效果。

（1）首先设置身体模型。按 M 键打开材质编辑器，选择一个空白的材质球，在漫反射通道中添加一张马的贴图，设置高光级别为 20，光泽度为 30，如图 11.6.1 所示。打开 贴图 卷展栏，在凹凸通道中添加一张马的贴图，具体参数设置如图 11.6.2 所示。

图 11.6.1 添加漫反射贴图　　　　　　　　　　　图 11.6.2 添加凹凸贴图

（2）接下来设置马蹄材质。打开材质编辑器，选择一个空白的材质球，在漫反射通道中添加一张灰色贴图，如图 11.6.3 所示。

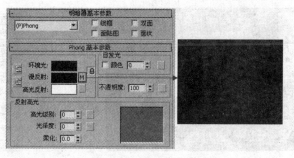

图 11.6.3 设置马蹄材质

（3）下面来设置眼睛材质。打开材质编辑器，选择一个空白的材质球，在漫反射通道中添加一张眼睛的贴图，设置高光级别为 100，光泽度为 65，如图 11.6.4 所示。

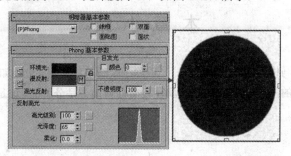

图 11.6.4 设置眼睛材质

（4）下面来设置鬃毛材质。打开材质编辑器，选择一个空白的材质球，在漫反射通道中添加一张鬃毛的贴图，设置高光级别为 30，光泽度为 73，如图 11.6.5 所示。打开 贴图 卷展栏，在凹凸通道中添加一张鬃毛的贴图，具体参数设置如图 11.6.6 所示。

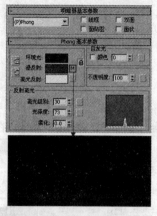

图 11.6.5　添加漫反射贴图

图 11.6.6　添加凹凸贴图

11.6.2　设置灯光效果

在这一小节中来设置场景的灯光效果。

（1）在 创建命令面板的 区域，选择 标准 类型，单击 天光 按钮，在场景中创建一盏天光，如图 11.6.7 所示。

（2）在修改命令面板中设置天光参数如图 11.6.8 所示。

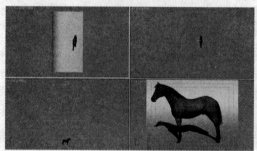

图 11.6.7　创建天光

图 11.6.8　设置天光参数

（3）按 F9 键对场景进行渲染，最终效果如图 11.0.1 所示。

本 章 小 结

本章主要讲解制作马模型的方法和过程。一般除了眼睛外，其他部分，如身体、头部、腿等，都是在同一个物体中完成的，是一个完整的多边形，没有任何地方是分开的。这是生物建模的一个特点。

第12章　汽车人建模

在制作结构比较复杂的模型时，我们常用的方法是分别制作模型的单个结构，然后合并所有的结构模型。本章介绍的汽车人模型就属于复杂结构的模型，因此，在制作时首先应制作每一个单独结构的模型，最后将模型进行合并。

本章知识重点

➤ 学习使用多边形建模工具制作三维模型。

➤ 学习使用挤出修改器和镜像工具加快建模速度。

➤ 将基础几何物体转换为可编辑多边形，然后使用多边形建模工具对模型进行塑造。

在本章中，主要制作一个汽车人擎天柱的模型，渲染效果如图 12.0.1 所示。

图 12.0.1　汽车人渲染效果

12.1　制作头部模型

在本章中来制作汽车人的头部模型。

12.1.1　制作头盔模型

在这一小节中来制作头盔模型。

（1）在 创建命令面板的 区域，选择 标准基本体 ▼类型，单击 长方体 按钮，在视图中创建一个长方体，如图 12.1.1 所示。

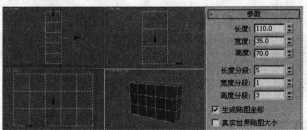

图 12.1.1　创建长方体

（2）单击鼠标右键，将长方体转换为可编辑多边形。给模型指定一个默认的材质，调节模型上的节点到如图 12.1.2 所示的位置。选择如图 12.1.3 所示的面，按 Delete 键删除，如图 12.1.4 所示。

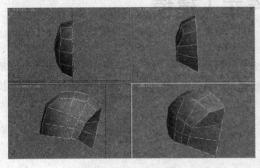

图 12.1.2　调节节点　　　　　　　　　　　图 12.1.3　选择面

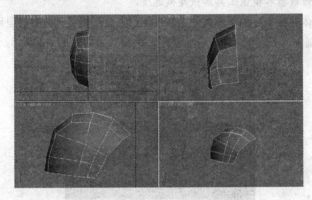

图 12.1.4　删除面

（3）在修改命令面板的 修改器列表 下拉菜单中选择 壳 选项，给模型添加一个壳修改器，设置参数如图 12.1.5 所示，壳效果如图 12.1.6 所示。

图 12.1.5　设置壳修改器参数

图 12.1.6　壳效果

  提　示　Tips ● ● ●

　　　　由于"壳"修改器没有子对象，所以可以使用"选择"选项指定面选择，该面选择在其他修改器的堆栈上传递。请注意，"壳"修改器并不能识别现有子对象选择，也不能通过这些堆栈上的选择。

（4）单击 长方体 按钮，在顶视图中创建一个长方体，如图 12.1.7 所示。单击鼠标右键，将长方体转换为可编辑多边形，调节模型上的节点到如图 12.1.8 所示的位置。

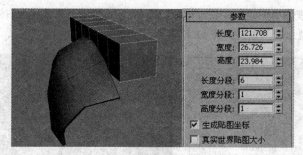

图 12.1.7　创建长方体　　　　　　　　　　　　　　　图 12.1.8　调节节点

（5）选择如图 12.1.9 所示的模型，在工具栏中单击 按钮，在弹出的 **镜像：屏幕 坐标** 对话框中设置参数如图 12.1.10 所示，镜像复制效果如图 12.1.11 所示。

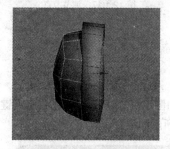

图 12.1.9　选择模型　　　　　图 12.1.10　设置镜像复制参数　　　　　图 12.1.11　镜像复制效果

（6）单击 平面 按钮，在前视图中创建一个平面模型，如图 12.1.12 所示，单击鼠标右键，将模型转换为可编辑多边形，调节模型上的节点如图 12.1.13 所示。

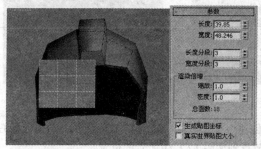

图 12.1.12　创建平面　　　　　　　　　　　　　　　图 12.1.13　调节节点

（7）在工具栏中单击 按钮，在弹出的 **镜像：屏幕 坐标** 对话框中设置参数如图 12.1.14 所示，镜像复制效果如图 12.1.15 所示。

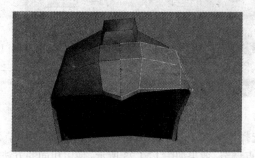

图 12.1.14　设置镜像参数　　　　　　　　　　　图 12.1.15　镜像复制效果

（8）单击 长方体 按钮，在顶视图中创建一个长方体，如图 12.1.16 所示。单击鼠标右键，将长方体转换为可编辑多边形，调节模型上的节点到如图 12.1.17 所示的位置。

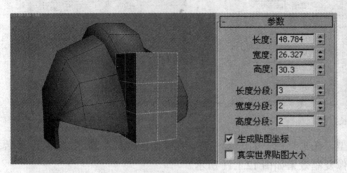

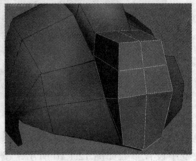

图 12.1.16　创建长方体　　　　　　　　　　图 12.1.17　调节节点

12.1.2　制作耳朵模型

在这一小节中来制作耳朵模型。

（1）单击 长方体 按钮，在顶视图中创建一个长方体，如图 12.1.18 所示。单击鼠标右键，将长方体转换为可编辑多边形，调节模型上的节点到如图 12.1.19 所示的位置。

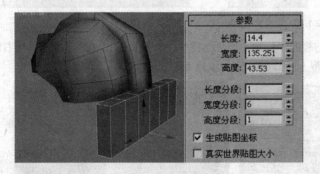

图 12.1.18　创建长方体　　　　　　　　　　图 12.1.19　调节节点

（2）单击 长方体 按钮，在顶视图中创建一个长方体，如图 12.1.20 所示。单击鼠标右键，将长方体转换为可编辑多边形，调节模型上的节点到如图 12.1.21 所示的位置。

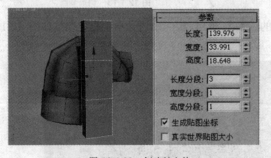

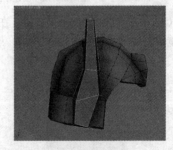

图 12.1.20　创建长方体　　　　　　　　　　图 12.1.21　调节节点

（3）选择如图 12.1.22 所示的面，单击 挤出 按钮，对选择的面进行挤出操作，同时对挤出的模型进行节点调节，效果如图 12.1.23 所示。使用相同的方法制作出耳朵的另一部分结构，如图 12.1.24 所示。

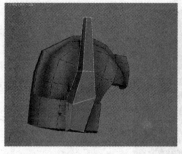

图 12.1.22　选择面

图 12.1.23　挤出面并调节节点

图 12.1.24　耳朵的另一部分结构

（4）在 创建命令面板的 区域，选择 扩展基本体 类型，单击 切角圆柱体 按钮，在视图中创建一个切角圆柱体，如图 12.1.25 所示。单击鼠标右键，将模型转换为可编辑多边形，选择如图 12.1.26 所示的面，按 Delete 键删除。

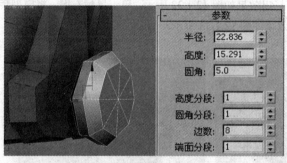

图 12.1.25　创建切角圆柱体

图 12.1.26　选择面

（5）选择制作好的耳朵模型，如图 12.1.27 所示，在工具栏中单击 按钮，在弹出的 镜像：屏幕 坐标 对话框中设置参数如图 12.1.28 所示，镜像复制效果如图 12.1.29 所示。

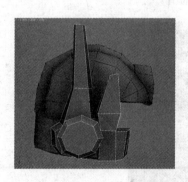

图 12.1.27　选择耳朵模型

图 12.1.28　设置镜像参数

图 12.1.29　镜像复制效果

12.1.3　制作嘴巴模型

在这一小节中通过样条线来创建嘴巴模型。

（1）在 创建命令面板的 区域，选择 样条线 类型，单击 线 按钮，在顶视图中创建一条闭合样条线，如图 12.1.30 所示。

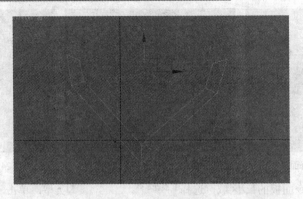

图 12.1.30　创建闭合样条线

（2）在修改命令面板的 修改器列表 下拉菜单中选择 挤出 选项，给样条线添加一个挤出修改器，设置挤出参数如图 12.1.31 所示，挤出效果如图 12.1.32 所示。单击鼠标右键，将模型转换为可编辑多边形，在模型上添加细分曲线，效果如图 12.1.33 所示。

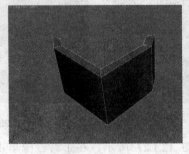
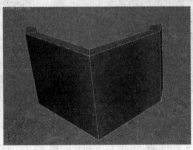

图 12.1.31　设置挤出参数　　　　图 12.1.32　挤出效果　　　　图 12.1.33　添加细分曲线

（3）在模型上焊接节点，并调节节点到如图 12.1.34 所示的位置。

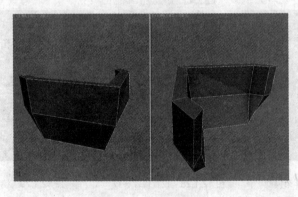

图 12.1.34　焊接并调节节点

12.1.4　制作眼睛和鼻子模型

在这一小节中来制作眼睛和鼻子模型。

（1）单击 长方体 按钮，在前视图中创建一个长方体模型，如图 12.1.35 所示，单击鼠标右键，将模型转换为可编辑多边形，调节节点到如图 12.1.36 所示的位置。

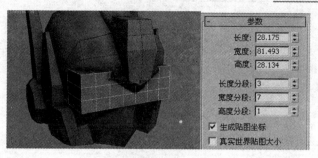

图 12.1.35 创建长方体   图 12.1.36 调节节点

（2）选择如图 12.1.37 所示的面，按 Delete 键删除。选择如图 12.1.38 所示的边界，按住 Shift 键向内拖动，复制效果如图 12.1.39 所示。

  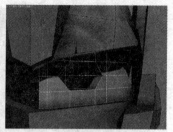

图 12.1.37 选择面   图 12.1.38 选择边   图 12.1.39 复制效果

（3）单击 ＿＿＿线＿＿＿ 按钮，在视图中创建一条闭合曲线，如图 12.1.40 所示，单击鼠标右键，将样条线转换为可编辑多边形。选择如图 12.1.41 所示的面，单击 倒角 □ 后面的小按钮，在弹出的 ‖倒角 对话框中设置参数如图 12.1.42 所示，倒角效果如图 12.1.43 所示。

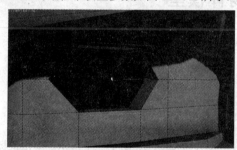 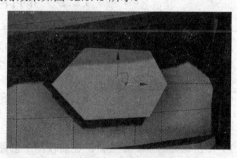

图 12.1.40 创建样条线   图 12.1.41 选择面

图 12.1.42 设置倒角参数   图 12.1.43 倒角效果

（4）选择如图 12.1.44 所示的模型，在工具栏中单击 ▶◀ 按钮，在弹出的 镜像：屏幕 坐标 对话框中设置参数如图 12.1.45 所示，镜像复制效果如图 12.1.46 所示。

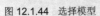
图 12.1.44　选择模型

图 12.1.45　设置镜像参数

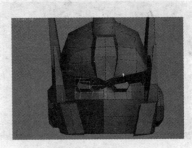
图 12.1.46　镜像复制效果

（5）单击 长方体 按钮，在前视图中创建一个长方体模型，如图 12.1.47 所示。至此，头部模型制作完成，光滑显示效果如图 12.1.48 所示。

图 12.1.47　创建长方体

图 12.1.48　光滑显示效果

12.2　制作身体模型

在本节中来制作擎天柱的身体模型，包括车身和轮胎模型。

12.2.1　制作车身模型

在这一小节中来制作车身模型。

（1）单击 长方体 按钮，在前视图中创建一个长方体模型，如图 12.2.1 所示。单击鼠标右键，将长方体转换为可编辑多边形。在模型上添加细分曲线，效果如图 12.2.2 所示。

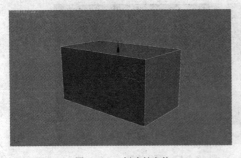
图 12.2.1　创建长方体

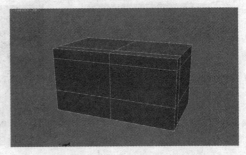
图 12.2.2　添加细分曲线

（2）选择如图 12.2.3 所示的边，单击 切角 □ 后面的小按钮，在弹出的 切角 对话框中设置参数如图 12.2.4 所示，切角效果如图 12.2.5 所示。

图 12.2.3　选择边

图 12.2.4　设置切角参数

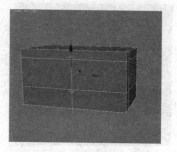

图 12.2.5　切角效果

（3）选择如图 12.2.6 所示的面，单击 挤出 □ 后面的小按钮，在弹出的 ‖挤出多边形 对话框中设置参数如图 12.2.7 所示，挤出效果如图 12.2.8 所示。

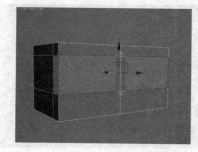

图 12.2.6　选择面

图 12.2.7　设置挤出参数

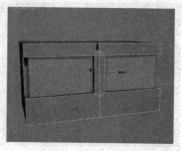

图 12.2.8　挤出效果

（4）在模型上添加细分曲线，效果如图 12.2.9 所示。选择如图 12.2.10 所示的面，单击 插入 □ 后面的小按钮，在弹出的 ‖插入 对话框中设置参数如图 12.2.11 所示，插入效果如图 12.2.12 所示，添加插入的面到如图 12.2.13 所示的位置。在另一侧进行同样的插入操作，效果如图 12.2.14 所示。

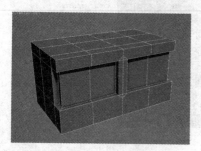

图 12.2.9　添加细分曲线

图 12.2.10　选择面

图 12.2.11　设置插入参数

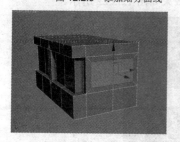

图 12.2.12　插入效果

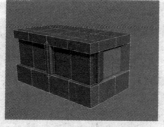

图 12.2.13　调节面

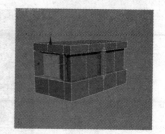

图 12.2.14　插入并调节面

（5）选择如图 12.2.15 所示的边，单击 切角 □ 后面的小按钮，在弹出的 ‖切角 对话框中设置参数如图 12.2.16 所示，切角效果如图 12.2.17 所示。

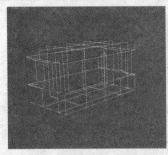

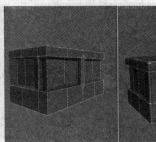

图 12.2.15　选择边　　　　图 12.2.16　设置切角参数　　　　图 12.2.17　切角效果

（6）调节模型上的节点到如图 12.2.18 所示的位置。选择如图 12.2.19 所示的面，单击 挤出 按钮，对所选择的面进行挤出操作，效果如图 12.2.20 所示。

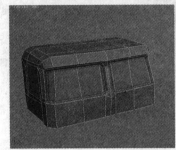

图 12.2.18　调节节点　　　　　　图 12.2.19　选择面　　　　　　图 12.2.20　挤出效果

（7）在模型的其他位置进行同样的挤出操作，效果如图 12.2.21 所示。

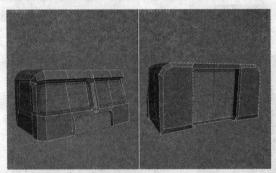

图 12.2.21　挤出效果

（8）继续使用多边形建模的方法制作出身体的其他结构，效果如图 12.2.22 所示。

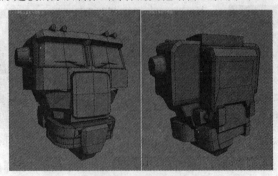

图 12.2.22　制作身体结构

12.2.2 制作轮胎模型

在这一小节中来制作轮胎模型。

（1）在 创建命令面板的 区域，选择 扩展基本体 类型，单击 切角圆柱体 按钮，在左视图中创建一个切角圆柱体，如图 12.2.23 所示。单击鼠标右键，将模型转换为可编辑多边形，调节节点到如图 12.2.24 所示的位置。

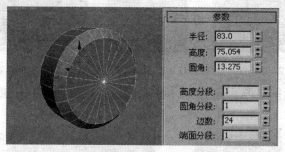

图 12.2.23　创建切角圆柱体

图 12.2.24　调节节点

（2）选择如图 12.2.25 所示的面，单击 倒角 后面的小按钮，在弹出的 倒角 对话框中设置参数如图 12.2.26 所示，单击 按钮，继续设置倒角参数如图 12.2.27 所示，倒角效果如图 12.2.28 所示。

图 12.2.25　选择面

图 12.2.26　设置倒角参数

图 12.2.27　设置倒角参数

图 12.2.28　倒角效果

（3）调节模型上的节点到如图 12.2.29 所示的位置，光滑显示效果如图 12.2.30 所示。

（4）对制作的轮胎模型进行复制，调节复制模型的位置，效果如图 12.2.31 所示。

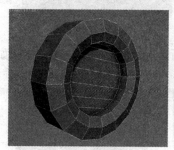

图 12.2.29　调节节点

图 12.2.30　光滑显示效果

图 12.2.31　复制轮胎

12.3　制作胳膊模型

在本节中来制作擎天柱的胳膊模型。

（1）单击 长方体 按钮，在视图中创建一个长方体，如图 12.3.1 所示。单击鼠标右键，将长方体转换为可编辑多边形，选择如图 12.3.2 所示的边，单击 切角 □ 后面的小按钮，在弹出的 ‖切角 对话框中设置参数如图 12.3.3 所示，切角效果如图 12.3.4 所示。

图 12.3.1　创建长方体　　　　图 12.3.2　选择边　　　　图 12.3.3　设置切角参数　　　图 12.3.4　切角效果

（2）选择如图 12.3.5 所示的边，单击 切角 □ 后面的小按钮，在弹出的 ‖切角 对话框中设置参数如图 12.3.6 所示，切角效果如图 12.3.7 所示。

图 12.3.5　选择边　　　　　图 12.3.6　设置切角参数　　　　图 12.3.7　切角效果

（3）选择如图 12.3.8 所示的边，单击 切角 □ 后面的小按钮，在弹出的 ‖切角 对话框中设置参数如图 12.3.9 所示，切角效果如图 12.3.10 所示。

图 12.3.8　选择边　　　　　图 12.3.9　设置切角参数　　　　图 12.3.10　切角效果

（4）选择如图 12.3.11 所示的面，单击 挤出 按钮，对所选择的面进行挤出操作，效果如图 12.3.12 所示。对底面的边进行切角操作，效果如图 12.3.13 所示。

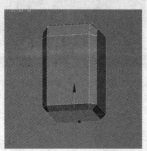

图 12.3.11　选择面　　　　　图 12.3.12　挤出效果　　　　　图 12.3.13　切角效果

（5）单击 ___线___ 按钮，在左视图中创建一条样条线，如图 12.3.14 所示。在修改命令面板的 ___渲染___ 卷展栏中激活 ☑ 在渲染中启用 和 ☑ 在视口中启用 复选框，设置参数如图 12.3.15 所示，模型效果如图 12.3.16 所示。

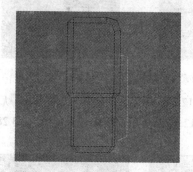

图 12.3.14　创建样条线

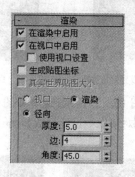

图 12.3.15　设置渲染参数

图 12.3.16　模型效果

（6）对制作的模型进行复制，效果如图 12.3.17 所示。单击 ___多边形___ 按钮，在顶视图中创建一个八边形，如图 12.3.18 所示。

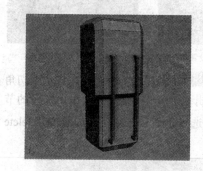

图 12.3.17　复制效果

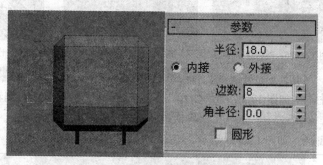

图 12.3.18　创建八边形

（7）在修改命令面板的 修改器列表 下拉菜单中选择 ___挤出___ 选项，给八边形添加一个挤出修改器，在修改命令面板中设置参数如图 12.3.19 所示，挤出效果如图 12.3.20 所示。单击鼠标右键，将挤出模型转换为可编辑多边形。

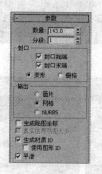

图 12.3.19　设置挤出参数

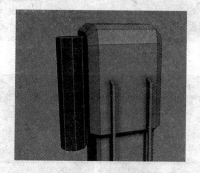

图 12.3.20　挤出效果

（8）选择如图 12.3.21 所示的面，单击 ___倒角___ 后面的小按钮，在弹出的 ‖倒角 对话框中设置参数如图 12.3.22 所示，单击 ⊕ 按钮，继续设置倒角参数如图 12.3.23 所示，倒角效果如图 12.3.24 所示。

图 12.3.21　选择面

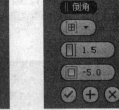

图 12.3.22　设置倒角参数

图 12.3.23　设置倒角参数

图 12.3.24　倒角效果

（9）在模型上添加细分曲线，如图 12.3.25 所示。选择如图 12.3.26 所示的面，单击 挤出 □ 后面的小按钮，在弹出的 挤出多边形 对话框中设置参数如图 12.3.27 所示，挤出效果如图 12.3.28 所示。

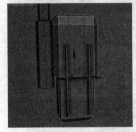
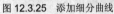

图 12.3.25　添加细分曲线

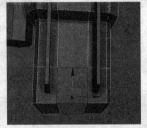

图 12.3.26　选择面

图 12.3.27　设置挤出参数

图 12.3.28　挤出效果

（10）下面来制作上下手臂之间的连接结构。单击 切角圆柱体 按钮，在顶视图中创建一个切角圆柱体，如图 12.3.29 所示。单击鼠标右键，将模型转换为可编辑多边形，选择如图 12.3.30 所示的节点，单击 切角 按钮，进行切角操作，效果如图 12.3.31 所示。选择如图 12.3.32 所示的面，按 Delete 键删除，如图 12.3.33 所示。

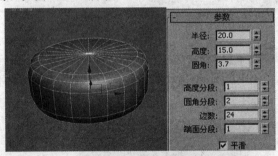

图 12.3.29　创建切角圆柱体

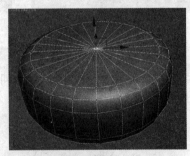

图 12.3.30　选择节点

图 12.3.31　切角效果

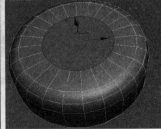

图 12.3.32　选择面

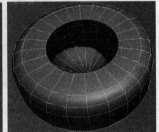

图 12.3.33　删除面

（11）对创建的切角圆柱体进行复制并调节到如图 12.3.34 所示的位置。单击 附加 按钮，将

两个切角圆柱体附加起来，选择如图 12.3.35 所示的边，单击 桥 按钮进行桥接操作，效果如图
12.3.36 所示。

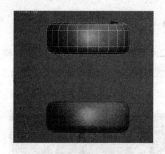

图 12.3.34 复制效果

图 12.3.35 选择边

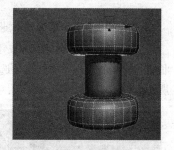

图 12.3.36 桥接效果

  Tips ●●●

　　　桥计算桥接多边形应当面对的方向。如果桥接两个边，那么桥会穿过对象，桥接多边
形面向内。但是如果创建穿越空白空间的桥，例如在两个元素间连接边时，通常情况下，
该多边形面向外。要使桥接多边形面向不同的方向，使用"翻转"功能。

　　（12）调节桥接模型到如图 12.3.37 所示的位置。继续使用多边形建模的方法制作出手臂的其他
模型和手模型，效果如图 12.3.38 所示。

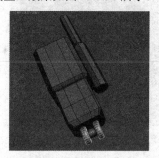

图 12.3.37 调节模型

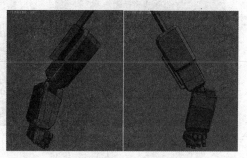

图 12.3.38 手臂模型

　　（13）选择制作好的手臂模型，单击 按钮，在弹出的 镜像：屏幕 坐标 对话框中设置参数如图
12.3.39 所示，镜像复制效果如图 12.3.40 所示。

图 12.3.39 设置镜像参数

图 12.3.40 镜像复制效果

12.4 制作腿部模型

在本节中来制作擎天柱的腿部模型。

（1）单击 长方体 按钮，在视图中创建一个长方体，如图 12.4.1 所示。单击鼠标右键，将长方体转换为可编辑多边形，选择如图 12.4.2 所示的边，单击 切角 按钮，切角效果如图 12.4.3 所示。

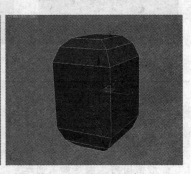

图 12.4.1 创建长方体 　　　图 12.4.2 选择边 　　　图 12.4.3 切角效果

（2）选择如图 12.4.4 所示的边，单击 切角 按钮，切角效果如图 12.4.5 所示。

图 12.4.4 选择边 　　　　图 12.4.5 切角效果

（3）在模型上添加细分曲线，效果如图 12.4.6 所示。选择如图 12.4.7 所示的面，单击 挤出 后面的小按钮，在弹出的 挤出多边形 对话框中设置参数如图 12.4.8 所示，挤出效果如图 12.4.9 所示。

图 12.4.6 添加细分曲线 　　图 12.4.7 选择面 　　图 12.4.8 设置挤出参数 　　图 12.4.9 挤出效果

（4）在模型上添加细分曲线，并调节节点到如图 12.4.10 所示的位置。选择如图 12.4.11 所示的面，单击 挤出 后面的小按钮，在弹出的 挤出多边形 对话框中设置参数如图 12.4.12 所示，挤出效果如图 12.4.13 所示。

图 12.4.10　添加细分曲线并调节节点　　图 12.4.11　选择面　　图 12.4.12　设置挤出参数　　图 12.4.13　挤出效果

　　（5）给模型指定一个默认的材质。调节模型上的节点到如图 12.4.14 所示的位置。选择如图 12.4.15 所示的面，按 Delete 键删除，如图 12.4.16 所示。

 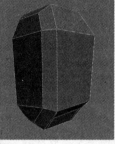 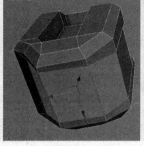 

图 12.4.14　调节节点　　　　　图 12.4.15　选择面　　　　　图 12.4.16　删除面

　　（6）选择如图 12.4.17 所示的边，单击 桥 按钮，桥接效果如图 12.4.18 所示。选择如图 12.4.19 所示的边界，单击 封口 按钮，封口效果如图 12.4.20 所示。

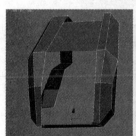  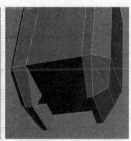 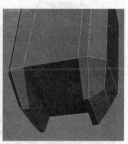

图 12.4.17　选择边　　　　　图 12.4.18　桥接效果　　　　　图 12.4.19　选择边界　　　　　图 12.4.20　封口效果

　　（7）单击 长方体 按钮，在视图中创建一个长方体，如图 12.4.21 所示。对创建的长方体进行复制，效果如图 12.4.22 所示。

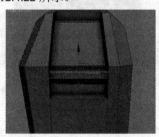 

图 12.4.21　创建长方体　　　　　图 12.4.22　复制效果

　　（8）单击 长方体 按钮，在视图中创建一个长方体，如图 12.4.23 所示。单击鼠标右键，将模型转换为可编辑多边形，在模型上添加细分曲线，如图 12.4.24 所示，调节模型上的节点到如图 12.4.25 所示的位置。将长方体模型调节到如图 12.4.26 所示的位置。

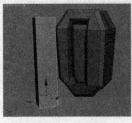
图 12.4.23 创建长方体

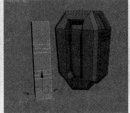
图 12.4.24 添加细分曲线

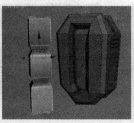
图 12.4.25 调节节点

图 12.4.26 调节模型位置

（9）单击 切角圆柱体 按钮，在左视图中创建一个切角圆柱体，如图 12.4.27 所示。

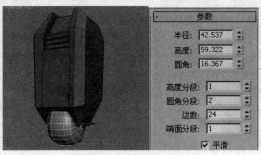
图 12.4.27 创建切角圆柱体

（10）单击 长方体 按钮，在视图中创建一个长方体，如图 12.4.28 所示。单击鼠标右键，将长方体转换为可编辑多边形，在模型上添加细分曲线，如图 12.4.29 所示。选择如图 12.4.30 所示的面，单击 挤出 按钮，挤出效果如图 12.4.31 所示。

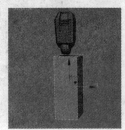
图 12.4.28 创建长方体

图 12.4.29 添加细分曲线

图 12.4.30 选择面

图 12.4.31 挤出效果

（11）在模型上添加细分曲线，效果如图 12.4.32 所示。调节节点到如图 12.4.33 所示的位置。

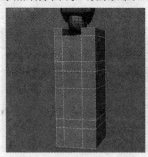
图 12.4.32 添加细分曲线

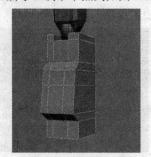
图 12.4.33 调节节点

（12）选择如图 12.4.34 所示的面，单击 挤出 □ 后面的小按钮，在弹出的 挤出多边形 对话框中设置参数如图 12.4.35 所示，挤出效果如图 12.4.36 所示。

12

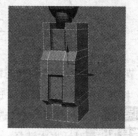

图 12.4.34 选择面　　　　图 12.4.35 设置挤出参数　　　　图 12.4.36 挤出效果

（13）选择如图 12.4.37 所示的边，单击 切角 □ 后面的小按钮，在弹出的 切角 对话框中设置参数如图 12.4.38 所示，切角效果如图 12.4.39 所示。

图 12.4.37 选择边　　　　图 12.4.38 设置切角参数　　　　图 12.4.39 切角效果

（14）在模型的另一侧同样进行挤出操作，效果如图 12.4.40 所示。调节节点到如图 12.4.41 所示的位置。

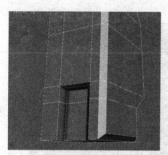
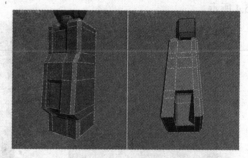

图 12.4.40 挤出效果　　　　　　　图 12.4.41 调节节点

（15）继续使用多边形建模方法制作出腿部的其他结构，效果如图 12.4.42 所示。选择制作好的腿部模型，单击 按钮，在弹出的 镜像：世界 坐标 对话框中设置参数如图 12.4.43 所示，镜像复制效果如图 12.4.44 所示。

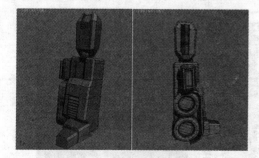

图 12.4.42 制作腿部其他结构　　　图 12.4.43 设置镜像参数　　　图 12.4.44 镜像复制效果

12.5　制作汽车人标志

在本节中来制作汽车人的标志图像，主要方法是通过对二维曲线进行挤出操作来进行制作的。

（1）打开 3DS MAX 软件，选择前视图，在工具栏上单击 视图(V) 按钮，在弹出的下拉菜单中选择 视口背景 → 视口背景(B)… 选项，在弹出的 视口背景 对话框中单击 文件… 按钮，在弹出的 选择背景图像 对话框中选择一张汽车人标志的图片，在 视口背景 对话框中设置参数如图 12.5.1 所示，视图显示如图 12.5.2 所示。

图 12.5.1　"视口背景"对话框　　　　　　　　图 12.5.2　导入参考图

（2）在 创建命令面板的 区域，选择 样条线 ▼ 类型，单击 线 按钮，在前视图中创建一条闭合曲线，如图 12.5.3 所示。继续在前视图中创建闭合曲线，勾画出标志的轮廓，如图 12.5.4 所示。

图 12.5.3　创建闭合曲线　　　　　　　　图 12.5.4　创建样条线

（3）单击 附加 按钮，将视图中的样条线进行附加，效果如图 12.5.5 所示。在修改命令面板的 修改器列表 ▼ 下拉菜单中选择 挤出 选项，在参数栏中设置挤出参数如图 12.5.6 所示，挤出效果如图 12.5.7 所示。

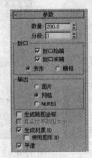

图 12.5.5　附加效果　　　　图 12.5.6　设置挤出参数　　　　图 12.5.7　挤出效果

（4）单击鼠标右键，将挤出的模型转换为可编辑多边形，调节模型上的节点到如图 12.5.8 所示的位置。单击 ▊线▊ 按钮，在前视图中创建一条闭合曲线，如图 12.5.9 所示，对创建的样条线进行复制，效果如图 12.5.10 所示。

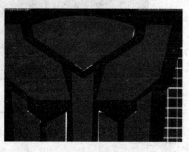

图 12.5.8　调节节点　　　　图 12.5.9　创建闭合曲线　　　　图 12.5.10　复制效果

（5）单击 ▊线▊ 按钮，在前视图中创建一条闭合曲线，如图 12.5.11 所示。单击 ▊附加▊ 按钮，将视图中的样条线进行附加，效果如图 12.5.12 所示。

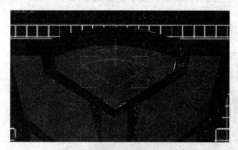

图 12.5.11　创建闭合样条线　　　　　　图 12.5.12　附加效果

（6）在修改命令面板的 ▊修改器列表▊ 下拉菜单中选择 ▊挤出▊ 选项，在参数栏中设置挤出参数如图 12.5.13 所示，挤出效果如图 12.5.14 所示。

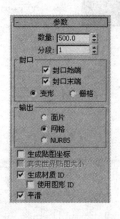

图 12.5.13　设置挤出参数　　　　图 12.5.14　挤出效果

（7）选择蓝色模型，在 ▊创建命令面板的 ○ 区域，选择 ▊复合对象▊ 类型，单击 ▊布尔▊ 按钮，在 ▊拾取布尔▊ 卷展栏中单击 ▊拾取操作对象B▊ 按钮，在视图中拾取绿色模型，布尔运算效果如图 12.5.15 所示。给模型指定一个默认的材质，并将其调节到如图 12.5.16 所示的位置。

图 12.5.15　布尔运算效果　　　　　　　　　　图 12.5.16　调节模型

从 3DS MAX 版本 2.5 开始，采用新的算法来执行布尔运算。与较早的 3D Studio 布尔运算相比，该算法的结果可预测性更强，几何体的复杂程度较低。如果打开包含较低版本 3DS MAX 布尔运算的文件，则"修改"面板将显示较低版本布尔运算的界面。

（8）至此，汽车人模型制作完成，光滑效果如图 12.5.17 所示。

图 12.5.17　汽车人最终模型

12.6　设置材质、灯光效果

在本节中来设置汽车人的材质、灯光效果。

12.6.1　设置材质效果

在这一小节中来设置汽车人的材质效果。

（1）首先来设置蓝色材质。按 M 键打开材质编辑器，选择一个空白的材质球，设置漫反射颜色为蓝色，设置高光级别为 50，光泽度为 19，参数设置如图 12.6.1 所示。模型中的红色材质、白色材质、灰色材质以及黑色材质的参数设置与蓝色材质相同，只是颜色有些改变，这里就不再一一讲解。

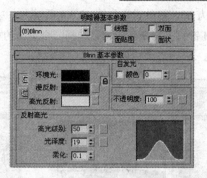

图 12.6.1 设置蓝色材质

（2）接下来设置玻璃材质。按 M 键打开材质编辑器，选择一个空白的材质球，设置不透明度为 20；设置高光级别为 61，光泽度为 40；打开 贴图 卷展栏，在反射通道中添加一个光线跟踪贴图，设置贴图数量为 15，参数设置如图 12.6.2 所示。

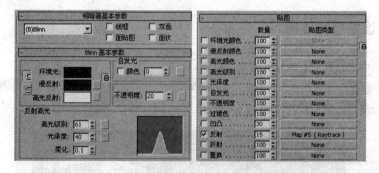

图 12.6.2 设置玻璃材质

  Tips ● ● ●

光线跟踪并不总是在正交视口（左、前等等）正常运行，它可以在透视视口和摄影机视口中正常运行。

（3）下面来设置眼睛材质。按 M 键打开材质编辑器，选择一个空白的材质球，设置漫反射颜色为蓝色，设置自发光颜色为蓝色，设置高光级别为121，光泽度为20；打开 贴图 卷展栏，在反射通道中添加一个光线跟踪贴图，设置贴图数量为30，参数设置如图 12.6.3 所示。

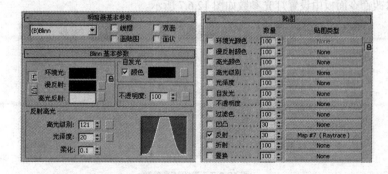

图 12.6.3 设置眼睛材质

（4）设置背景材质。按 M 键打开材质编辑器，选择一个空白的材质球，在漫反射通道中添加一张天空贴图；设置自发光数值为 60，参数设置如图 12.6.4 所示。

（5）设置地面材质。按 M 键打开材质编辑器，选择一个空白的材质球，在漫反射通道中添加一张草地贴图，如图 12.6.5 所示。

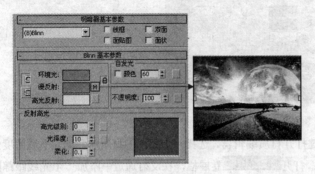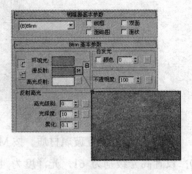

图 12.6.4 设置背景材质　　　　　图 12.6.5 设置地面材质

12.6.2 设置灯光效果

在这一小节中来设置场景的灯光效果。

（1）在创建命令面板的区域，选择 标准 类型，单击 目标聚光灯 按钮，在场景中创建一盏目标聚光灯，如图 12.6.6 所示。

图 12.6.6 创建目标聚光灯

（2）在修改命令面板中设置灯光参数如图 12.6.7 所示。

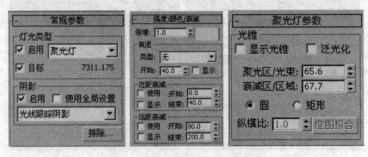

图 12.6.7 设置灯光参数

（3）单击 目标聚光灯 按钮，在场景中创建另外一盏目标聚光灯，如图 12.6.8 所示。

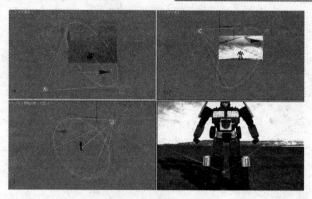

图 12.6.8 创建目标聚光灯

（4）在修改命令面板中设置灯光参数如图 12.6.9 所示。

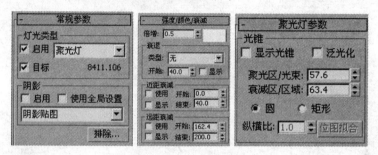

图 12.6.9 设置灯光参数

（5）至此，汽车人场景的材质灯光效果设置完成，将设置的材质指定给汽车人模型，按 F9 键对场景进行渲染，效果如图 12.0.1 所示。

本 章 小 结

在本章中，我们使用多边形建模制作了一个汽车人模型。制作的方法是将模型的每一个小结构单独进行制作，然后将制作好的模型附加在一起，这样制作的好处在于简化制作的复杂性，同时使用了镜像工具对制作好的模型进行镜像复制，大大减少了制作时间，提高了工作效率。